プノンペンの奇跡

世界を驚かせたカンボジアの水道改革

鈴木康次郎・桑島 京子
SUZUKI Yasujiro・KUWAJIMA Kyoko

はしがき

　人づくりが国づくりの基本である。このことは、日本みずからの戦後の経験、そしてこれまで国際協力機構（JICA）が多くの国で行ってきた国際協力を通じてたどり着いた1つの真実です。

　私たちの日々の食べものをつくる農業。生活に必要なさまざまな製品を生産する製造業。物流を支える運輸・交通インフラ、人々のコミュニケーションを支えるICT技術。そして電気や水といった生活に欠かすことのできない基本的なサービスの提供。いずれもさまざまな施設や設備、技術の上になりたっていますが、何ものをも「人」なしには成立しません。

　JICAは多くの途上国で、実に多様な開発援助のプロジェクトの実施を通じて、この「人づくり」という一大事業に取り組んできました。人づくりは一人の人の能力が高まれば、それで良いということではありません。なぜなら、人はチーム、組織、社会のつながりの中でその能力を発揮する必要があり、そうして初めて、適切な行政のサービスの提供や、インフラの運用が実現するからです。途上国の課題対処能力（キャパシティ）が、個人、組織、社会などの複数のレベルの総体として向上していくプロセス、これを私たちはキャパシティ・ディベロップメントと呼んでいます。JICAによる途上国への協力は、このキャパシティ・ディベロップメントを特に重視して行われてきました。

　本書は、長く内戦に苦しんだカンボジアの首都プノンペンで、その水道公社が安全な水を市民に届けるまでの「キャパシティ・ディベロップメント」の過程を詳細に描いた物語です。水道管の不法接続や、盗水が横行し、水道公社が腐敗と汚職の温床だった1990年代。それが、わずか15年の間に安全な水を市民に届け、日本にも劣らない高いレベルのサービス

を提供するまでに成長する奇跡の背後にあったものは何か、これを明らかにしたのが本書です。

本書を読んだ読者は、まず、エク・ソンチャンという人物のリーダーシップに驚くでしょう。さながら鬼退治のように辣腕をふるい、悪しき故習を排し、能力のある若手を登用し、活躍させる。この組織トップのリーダーシップこそが、奇跡の大きな要因であることは間違いありません。しかしながら、それだけがプノンペン水道公社（PPWSA）の成功の要因ではなかったことを、本書は描いています。エク・ソンチャンのリーダーシップを支えたカンボジアという国の政治判断や政策。そしてカンボジア側の努力を形にするために、プノンペン市の水道事業全体の計画を作成し、これに必要な資金や人の協力を行った日本の支援、さらにフランスや世界銀行など、さまざまな国際機関の支援がなければ、エク・ソンチャンのリーダーシップも発揮されることは無かったのです。

その意味で、このカンボジアの水道の成功の物語は、エク・ソンチャンと彼が率いる水道公社、カンボジア政府やプノンペンの市民社会、カンボジアを支援する諸外国や国際機関といったあらゆるレベルで、多くの人々が活躍し、プノンペンの水道問題を解決していったキャパシティ・ディベロップメントの事例に他なりません。

このサクセス・ストーリーから、私たち日本人も多くを学ぶことができます。人材の育成、やる気の引き出し方、仕事の管理の工夫や、さまざまな意思決定者への巧みなはたらきかけ。そして、改革、革新（イノベーション）。そこには、開発事業に限定されない、普遍的なマネジメントのヒントが多く示されています。

本書はJICA研究所の「プロジェクト・ヒストリー・シリーズ」第13弾です。多くの読者各位に本書をご一読いただき、そこからそれぞれのご関心に応じてさまざまなメッセージを読み取っていただければ幸いです。

JICA研究所所長
畝　伊智朗

目次

はしがき……………………………………………………………………… 2

プロローグ…………………………………………………………………… 7
『プノンペンの奇跡』とは………………………………………………… 11
奇跡はなぜ起きたか………………………………………………………… 13
国際協力機構（JICA）の支援とその役割……………………………… 15
神ではなく、人が生み出した奇跡………………………………………… 17

第1章
不正・腐敗の温床と化した市水道局………………………………… 23
〜プノンペン市の水道事情〜

ポル・ポト政権により壊滅的打撃を受ける……………………………… 25
累積赤字と経営不振にあえいだ80年代………………………………… 27
稼働していた水道施設は全体の4割……………………………………… 29
漏水、水圧不足、不法接続や盗水も……………………………………… 31
機能不全に陥っていた市水道局…………………………………………… 35
どうやって儲けるかだけを考えていた…………………………………… 37
エク・ソンチャンが水道局長に就任……………………………………… 39
職員の9割が「再建は無理だ」…………………………………………… 41
盗水した水を売っていた前局長…………………………………………… 42
"水のお化け""水の鬼"の紙上攻撃に屈せず…………………………… 45
エク・ソンチャンのリーダーシップ論…………………………………… 47
留学経験者や大学出身者でチームを結成………………………………… 48
「能力」の高さより「意識」の高さで人事を行う……………………… 50
NOTE 1　エク・ソンチャン水道局長の半生…………………………… 53

第2章
エク・ソンチャンのPPWSA改革………………………………………… 57
〜JICAのマスタープランを指針に〜

JICAの「マスタープラン」が道しるべに……………………………… 59

全顧客リストを1年で作成	60
職員も拒否した水道メーターの設置	62
将軍の家にメーターを取り付ける	63
3年で倍増。料金徴収率97％に	66
料金を支払う文化への転換	68
水道料金値上げを直談判により勝ちとる	70
エク・ソンチャンとゴルフ	72
日本の協力で初となった水道メーターの供与	76
日本の援助に心より感謝したい	78
マスタープランと日本人技術者から現場で学ぶ	82
NOTE 2　JICAマスタープラン策定までの道のり	86

第3章
JICA専門家による技術移転 93
～北九州市の人材派遣とその成果～

PPWSAの公社化が実現	95
若手技術職員を要職に登用	97
8年間連続給与アップを宣言	98
北九州市の久保田に白羽の矢が	100
施設はできても、動かせる人間がいない	101
久保田を見る目が変わった	103
「盗水」を放置するから「漏水」も増える	105
テレメーターシステム導入を決断	107
JICA小規模開発パートナー事業がスタート	108
2人の電気技術者が参画	111
さらに遅れたテレメーターシステムの設置	113
中央監視室を一歩も出ずに盗水場所を特定	115
無収水率がついに10％を切った	117
NOTE 3　バスタブに身を潜めて難を逃れる――2003年のプノンペン暴動	120
NOTE 4　水道を通じた国際協力を推進する北九州市	122

第4章
技術協力プロジェクトによる総仕上げ ……… 125
～ PPWSA の人材育成と組織づくり～
２つの機関から人材育成への協力要請が……………………………… 127
「技術協力プロジェクト（技プロ）」の開始……………………………… 130
標準作業手順書の導入を目指す…………………………………………… 131
サンダルを履いている者はつまみ出せ…………………………………… 134
飲める水の 24 時間供給を実現 …………………………………………… 135
原水の浄水処理に日本にない難しさが…………………………………… 139
職員の学力や意識の低さが課題…………………………………………… 140
水質を汚染する「受水槽」を撤去せよ…………………………………… 142
「標準作業手順書」の作成が始まる ……………………………………… 144
専門家は指導するだけ、作成は公社職員の手で………………………… 148
すべての業務を手順書に沿って実施……………………………………… 149
研修センターでの人材育成が本格化……………………………………… 150
各分野に自信・自覚をもつ専門家が育つ………………………………… 153
「トップランナー・キャッチアップ方式」による地方人材育成 ……… 156
日本人専門家から何を学んだか…………………………………………… 159
『プノンペンの奇跡』を他の地方都市へ………………………………… 163
NOTE 5　ロゴマークと"水の女神"……………………………………… 166

エピローグ……………………………………………………………………… 167
人口の急激な拡大に対応する……………………………………………… 169
地方水道事業改善をめぐり JICA と世界銀行が対立…………………… 172
『カンボジアの奇跡』を目指して ………………………………………… 176

あとがき………………………………………………………………………… 181
略語一覧………………………………………………………………………… 188
参考文献・資料………………………………………………………………… 189

プロローグ

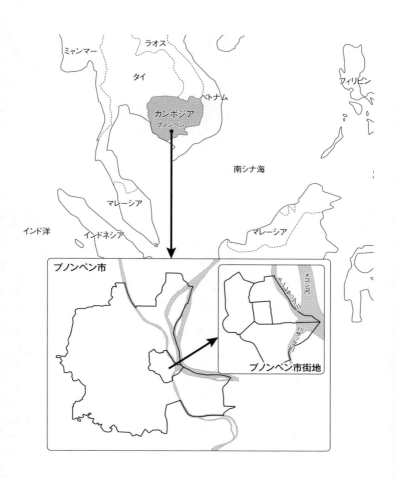

プロローグ

　世界には、不衛生な水を飲んでいる人が8億人もいる。「ミレニアム開発目標（MDG）」に向けた国際社会全体の努力により、1990年からの20年間で、世界の20億人の人々が安全な飲料水を得られるようになったが、いまだ8億人弱の人々は不衛生な水にさらされ、25億人の人々が不衛生な環境に取り残されている。[1]

　「水」は、人々の命を直接的にも、間接的にも支える最も重要な資源である。安全な「水」へのアクセスは、人々の健康や命の問題に直結している。実際に、世界では毎年180万人の子どもたちが、不衛生な水を原因とする病気で命を落としている。また、農業用水の安定確保は食糧の問題につながっている。いまだに多くの国々では、女性や子どもたちが遠い水場までの水汲みに時間をとられ、法外な値段で水売り業者からの水の購入を余儀なくされている。

　このように、安全な「水」の安定供給は世界中のいかなる国においても、国民の生命を守り、社会の発展をもたらすうえで大変重要な課題となっている。しかしながら、都市水道の健全経営が実現されているのは欧米や日本などの先進国に集中している。多くの開発途上国は、水資源の確保、施設の整備、貧困層を含む住民との関係づくりなど、いまだに非常に困難な課題を抱えているのである。

　内戦の傷跡が癒えない状況下から、わずか15年程で、100万人を超える規模の首都のほとんどの市民へ安全な「水」を安定的に、しかも安価に供給できるようになった国がある。それがカンボジアだ。

＊

1）安全な「水」へのアクセスの改善は、2000年9月にニューヨークで開催された国連ミレニアム・サミットで採択された国連ミレニアム宣言を基にまとめられたミレニアム開発目標（Millennium Development Goals:MDGs）においても、その目標の1つ（2015年までに、安全な飲料水および衛生施設を継続的に利用できない人々の割合を半減する）に挙げられており、この目標は、世界全体では2010年に達成されている。しかしながら、世界中には、まだ安全な「水」へのアクセスができない8億人弱の人々が存在するのである。

カンボジアは、今でこそ、ベアリングのミネベアなどの日本企業が進出し、イオンが新店舗を開設する成長国となったが、その実像は、1人当たりの国民総所得がようやく1,000ドルを超えつつある段階で、国民の平均余命はまだ63年という開発途上国である。1970年代から20年にわたる内戦で社会基盤も人材も損なわれた。1990年代初頭のプノンペンのホテルでは、蛇口をひねるとトンレサップ川と同じ色の黄褐色の水がでた。それが、15年のうちに、郊外の貧困地域の住民でさえ直接水道水が飲める都市へと大変貌を遂げたのである。なぜであろうか。

　そこには一人の傑出したリーダーがいた。その人こそ、この本の主人公エク・ソンチャンである。

　「プノンペン市水道局（PPWSA）」の水道局長、そして「プノンペン水道公社（PPWSA）」の総裁として20年間にわたり陣頭指揮を執ってきたエク・ソンチャンは、2006年に、社会貢献において傑出した功績のあった個人や団体に贈られる「ラモン・マグサイサイ賞」を、カンボジア政府関係者として初めて受賞した。また2010年には、PPWSAの水ビジネスとしての持続可能な水管理への貢献に対し、途上国の公共事業体では初めてとなる「ストックホルム産業水大賞[2]」が贈られている。

　さらに、2012年4月PPWSAは、その健全経営を評価され、カンボジアの株式市場で初めての上場企業となった。

　PPWSAの変革の歴史は、劣悪な状況にある世界の多くの国々や都市にとって、勇気と学びを与えられる貴重な経験である。いつの頃からか、世界の水道関係者の間では、このPPWSAの変革を『プノンペンの奇跡』と呼ぶようになった。

[2) ストックホルム産業水大賞とは、世界の水分野における顕著な功績、特にビジネス部門での持続可能な水管理における貢献に対し、毎年スウェーデンのストックホルム水財団およびストックホルム国際水研究所から贈られる国際的に権威のある賞である。

プロローグ

PPWSAの水道局長、そして総裁として20年間にわたり陣頭指揮を執ってきたエク・ソンチャン
写真：筆者

*

『プノンペンの奇跡』とは

　では、この『プノンペンの奇跡』とは、具体的にどのようなものであったのか——。エク・ソンチャンは「ストックホルム産業水大賞」受賞の理由について次のとおり述べている。

PPWSAはその持続的な水管理を評価され2010年に「ストックホルム産業水大賞」を受賞
写真：野中博之

「PPWSAが受賞した理由には、3つのポイントがあったと聞いています。1つ目は、最も苦しい状況から復興を達成し、他の先進国の水道局に負けないパフォーマンスを示していること。2つ目は、最もシンプルな方法で短期間に無収水量を減らし、他の先進国の水道局より無収水率が低くなったこと。3つ目は、最貧困層に対しても水道供給サービスを提供していること」

1993年当時のプノンペンでは、市街地の20％程度にしか水道が普及していなかった。それも、1日10時間程度の給水だった。水がこないため、市民たちは自主的に市道の配水管に穴を空け、地下に受水ピットを設け、かろうじて水を利用する状態であった。

これは、長い内戦とベトナムの影響下にあったヘン・サムリン政権への経済制裁のため、備品や薬品の入手もままならず、水道設備の老朽化が進んでいたことが原因であった。PPWSA職員のモラルは低く、幹部職員みずからが不正な水の販売や給水管の接続を手掛けるような「腐敗の温床」と化していた。市民の不信と不正の蔓延、収入不足と累積債務、さらなる経営悪化とサービス悪化という悪循環を招いていたのである。

それが10年のうちに劇的に改善された。貧困スラムを含む市街地域全域に拡大し、1日10時間程度しか供給できていなかった水道水が、毎日24時間、安全な水道水（WHOガイドラインを満たす水質）として供給できるようになったのである。しかも、漏水や盗水などのために膨れ上がっていた無収水率[3]は、72％から20％に激減し、13年後には8％へ、そして18年後の2011年には6％へと大幅に削減され、健全な経営水準を達成した。これは日本を含む先進国と比べてもきわめて優れた水準にある。

一般的に、無収水率は、配水管からの漏水対策に加え、市民が水道管に穴を空けて水を盗む盗水対策、また料金の請求・徴収の効率化に

---

3) 無収水率（Non Revenue Water）とは、浄水場で生産してポンプで送り出した水道水のうち、料金の請求がなされなかった給水量の比率のことである。なお、1990年代のPPWSAの資料では「不明水」の用語が使われていたが、近年の公表資料にならい、本書では一貫して「無収水率」を用いることにする。

よって大きく上下する。盗水の少ないはずの先進国の最近の漏水率と比較してみても、英国・ロンドンの26.5%、イタリア・トリノの25%、スペイン・マドリードの10.5%よりはるかに低い。東京の2.8%には及ばないものの、フランスのパリの5%やドイツのベルリンの5%と同水準に至っている。

アジアのほとんどの都市水道事業体の無収水率が、現在でも50%前後で推移している中、PPWSAの「6%」という数字は実に驚異的なものなのである。それだけでなく、2002年以降、PPWSAは一度も安易な水道料金の値上げをせずに、拡大するプノンペン市の郊外貧困地域への給水サービスをも広げながら、このパフォーマンスを維持してきた。

PPWSAの優遇策による念願の水道敷設実現を喜ぶプノンペン市郊外の住民　　　　　　　　　　　　　　　　　　写真：筆者

奇跡はなぜ起きたか

『プノンペンの奇跡』を成し遂げたPPWSAの画期的な改革と、発展をもたらした要因は次のように考えられる。

①政府の改革コミットメント

PPWSAの改革は、1993年9月、プノンペン市商務局長だったエク・ソ

---

4) 2012年の日本の都市平均は9%である。また、東京都も戦後間もない頃は、漏水率が80%を越えていたと言われている。

ンチャンが「不正と腐敗の温床」と言われたPPWSAの新たな局長に任命されたところに始まる。水道分野の経験をもたないエク・ソンチャンがなぜ水道局長に指名されたのか——。これは、1993年5月の総選挙で成立したカンボジア王国新政権の刷新意思であるとともに、当時の監督機関であったプノンペン市の危機意識によるものだったと考えられる。つまり、政府には、新生カンボジアの顔である首都プノンペンの水道事業を改革したいという政治的なコミットメントがあったのである。

②エク・ソンチャンの強力なリーダーシップ

しかしながら、当時のカンボジアを取り巻く政治環境は、PPWSAの改革を支持する要因ばかりではなかった。前任水道局長や外部有力者を中心とする既得権益層の反発、縁故採用などの介入や民営化などの圧力が、常にエク・ソンチャンの行く手を阻んでいた。一般市民のPPWSAに対する不信感も根強く、料金徴収どころか水道メーターの設置もままならない状況だったのである。

エク・ソンチャンはポルポト時代の過酷な人生を生き抜いてきた世代の一人である。市長らの支援のもと、独自の人生哲学に基づく強烈なリーダーシップによって、負の環境をむしろ正の環境に置き換えてきた。彼の功績はきわめて大きい。

③若手人材の登用によるチーム形成

エク・ソンチャン自身は水道分野の門外漢であった。そこで、前任局長下のPPWSAで、能力がありながらも技術や知識を生かす機会を奪われてきた若手職員に着目し、改革に賛同する者を見出して「若手変革チーム」を形成していった。これらの若手職員には技術研修や技術指導の機会を与え、要職に抜擢するとともに、それらを実務に活用するよう厳しく求めた。彼らはやがて部長、さらには副総裁まで出世し、エク・ソンチャンと強い信

頼関係を結び、改革を実質的に支える組織力となっていったのである。

国際協力機構（JICA)[5]の支援とその役割

　長らく放置された老朽施設の復旧・改修・新設、組織再編と活性化、経営改善、人材の再配置と育成、社会との信頼回復、等々。そこには、技術、資金、人材、政治・行政の多方面にまたがる気の遠くなるようなプロセスが必要とされた。カンボジア側の強い自助努力だけでは、おそらく『奇跡』は起きなかったろう。10余年の長きにわたり、その自助努力に寄り添ってきた日本を中心とする国際協力があってこそ実現できたものなのである。

①行動指針となったJICAの「マスタープラン」

　エク・ソンチャンにとっての明確な行動指針になったのが、カンボジア新政権樹立に先んじて日本が作成した「プノンペン水道事業の長期整備計画（マスタープラン)」であった。マスタープランとは、長期的視点にたった将来像とその実現に向けた道すじを明らかにするものである。1993年2月から9カ月間、ときに銃弾の飛び交う中、JICAの調査チームは、現地調査をもとに「マスタープラン」を作成した。このマスタープランには、2010年までにPPWSAが進めるべき施設整備などの事業、組織、人材育成の目標が定められており、自立経営のための方策もこまかく提言されていた。エク・ソンチャンの局長就任後2カ月目にこのマスタープランが完成。PPWSAの具体的な改革目標とその実現方途を示す指針として機能していったのである。

---

5) JICA（Japan International Cooperation Agency）：独立行政法人国際協力機構。2003年9月までは、国際協力事業団。

②援助国・機関によるタイムリーな支援

　この1993年のマスタープランは、主要な援助国・機関であるフランス、国連開発計画（UNDP）、世界銀行（WB）、アジア開発銀行（ADB）の支援計画や構想をもうまく取り込んで策定されていた。94年からは、この計画に沿った具体的な水道施設・設備の更新・新設、人材育成、経営改善等への支援が、日本を含む各援助機関により重複することなく展開されていった。また、マスタープランが改革指針となり、これに沿った各国・機関の支援がタイムリーに行われ、施設整備が進んだ段階では、運用・維持管理能力を向上させるための技術協力も行われていった。

　例えば、市街地の配水管網が整備された1999年に派遣された北九州市の専門家の判断と、その後のテレメーターシステム（配水ブロックデータ監視システム）の導入提案がなければ、PPWSAは、刷新された配水管網によって激減した漏水成果に満足してしまい、さらなる無収水率の削減・維持に取り組むには至らなかったかもしれない。

③現場での技術指導を通じた人材育成への貢献

　現地に張りついて現場を率いた援助機関は日本のみであった。マスタープラン策定からそれに続く累次の無償資金協力など、日本の技術コンサルタントは10年にわたり現地に長期滞在した。彼らがPPWSAの職員に与えた影響は、単に工事の設計・工事技術に留まらず、施設緊急改修、配水管網更新、浄水場の改修・拡張などの設計・建設段階に及んだ。日本人の仕事に対する真摯な姿勢や現場重視マインドは、現副総裁や現部長たちに継承されている。

　また、専門家派遣から始まった北九州市からの支援、2003年に始まる技術協力プロジェクトにおいては、PPWSAの組織的な技術管理体制の

確立に向け、OJT⁶⁾による現場重視型の指導とPPWSA内部の研修指導人材の育成が行われた。これらの支援には、カンボジアに先行して水道人材育成事業が行われたタイやインドネシアでの援助経験が反映され、タイの水道技術訓練センターからの専門家派遣や研修・視察なども組み入れられた。水道事業への支援を通じて形成されてきた日本および他の途上国の援助人材基盤のもとで活動が展開していったのである。

神ではなく、人が生み出した奇跡

本書では、プノンペン水道公社（PPWSA）が『プノンペンの奇跡』をどのようにして成し遂げることができたのかを、その20年に及ぶ『奇跡』の物語の背景や過程を辿りながら描いていく。カンボジア側の自助努力を構成する要因（政府の改革コミットメント、エク・ソンチャンの強力なリーダーシップ、若手人材の登用によるチーム形成）、それを支えた日本側協力による自助努力の助長要因（行動指針となったJICAの「マスタープラン」、援助国・機関によるタイムリーな支援、現場での技術指導を通じた人材育成への貢献）を中心に構成していく。

なかでも、類いまれなリーダーシップを発揮し続けたエク・ソンチャン総裁と彼を支え続けた若手幹部らとの関係、また日本（JICA）をはじめとする国際協力が、いかにエク・ソンチャンのリーダーシップを支え若手幹部らのオーナーシップを強化していったのか、その相互作用についても明らかにしていきたい。

本書は4章で構成される。第1章は、1990年代初期のプノンペン市の水道事情と、新たな水道局長に就任したエク・ソンチャン局長、若手職員の登用を描く。第2章は、2010年を目途とするプノンペン水道事業の長期整備計画（マスタープラン）の策定、それに続く日本の無償資金協力

---

6) On the Job Training の略。仕事を通じて学ぶ訓練。

を中心とする施設整備への支援、マスタープランを指針とするエク・ソンチャンの初期の改革に焦点を当てる。第3章は、PPWSAに大きな裁量権を付与する公社化の実現と、北九州市から派遣されたJICA専門家による支援のもとで展開した本格的な改革を描く。第4章は、JICA技術協力プロジェクトの実施による施設・設備の組織的な運用・維持管理能力の確立、そしてPPWSA内の研修講師や研修体制の構築と他の地方水道支援のための指導力の育成など、PPWSAの改革の総仕上げについて述べていく。

＊

2012年7月、PPWSAのエク・ソンチャン総裁の後任として着任したばかりのシム・シター総裁は、『プノンペンの奇跡』という形容に対する自分の想いを次のように語った。

「『プノンペンの奇跡』とは、とても素晴らしい表現だと思います。私は、奇跡には2つあるのではないかと思っています。

1つは、神様が生み出す奇跡です。もう1つは、人が生み出す奇跡です。後者は自然に生まれるものではなく、人の努力によって生まれるものなのです。

ですから、私はこの『プノンペンの奇跡』が、本当にみなの努力によって生まれたものだと思っています。しかも、PPWSAとJICAの努力によって生まれたものだと信じています。

これまでも、PPWSAはそういう人が生み出す奇跡という言葉をいただいてきましたので、私はそれを真摯に受け止めて今後とも努力を続けていきたいと思います」

PPWSAの奇跡とは、まさに、人が生み出した奇跡なのである。PPWSAの職員と共に、彼らに常に寄り添いながら支援を続けてきた日本

の国際協力、とりわけJICAを通じて派遣された数多くの技術者や専門家らの努力によって生み出されたものなのである。

図表0-1　15年間のPPWSAのパフォーマンス指標の改善

指標	1993年	1999年	2003年	2009年
1,000給水栓あたりの職員数	22	7.8	3.9	3.2
水供給能力　㎥/日	65,000	120,000	235,000	300,000
配水管網延長	288km	455km	921km	1,500km
準拠する水質基準	不明	不明	WHO水質ガイドライン	WHO水質ガイドライン
給水普及率	25%	62%	82%	90%
給水時間	10時間/日	24時間/日	24時間/日	24時間/日
配水管網水圧	0.2bar	2.0bar	2.5bar	2.5bar
接続数 (市全体人口)	26,881 (68万人)	60,482 (88万人)	105,777 (103万人)	191,092 (144万人)
無収水率	72%	48.5%	17.1%	5.94%
水道料金徴収率	48%	98.9%	99.8%	99.9%

出典：PPWSA資料をもとに筆者作成

図表0-2　PPWSAに対する援助実績額とドナー別割合（1993〜2012年）

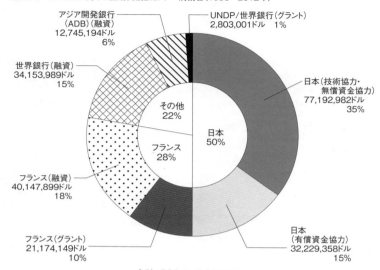

合計：220,446,000 ドル
（グラント：101,000,000ドル、融資：119,000,000ドル）

出典：PPWSA資料

図表0-3　PPWSAに対する日本の援助実績概要

援助形態	案件名（案件概要）	金額
開発調査	プノンペン市上水道整備計画調査（2010年に向けたマスタープラン策定）（1993年）	—
無償資金協力	（1）緊急改修（プンプレック浄水場復旧、高架水槽新設他）（1994-1995年）	27.5億円
	（2）第2次上水道整備（配水網更新・拡張）（1997-1999年）	12.7億円
	（3）プンプレック浄水場拡張（5万㎥/日）（2001-2003年）	26.4億円
技術協力	小規模開発パートナーシップ事業（配水ブロック監視システムの構築）（2001-2002年）	—
	水道事業人材育成技術協力プロジェクト（2003-2006年）	—
開発調査	プノンペン市上水道整備計画調査フェーズ2（2020年に向けたマスタープラン策定）（2004-2006年）	—
円借款	ニロート浄水場整備事業（13万㎥/日）（2009-2014年）	35.1億円
無償資金協力	無償資金協力（太陽光を活用したクリーンエネルギー導入）（2010-2013年）	7.2億円

出典：JICA資料をもとに筆者作成

図表0-4　PPWSAの歩み

年	プノンペン水道公社（PPWSA）の歩み （イタリックは水道パフォーマンス指標等）	カンボジアのできごと
1895	フランス企業がプノンペンに水道設備敷設	フランス保護領（1867年） 仏領インドシナに編入（1987年）
1960	プノンペン市水道局の直営事業となる	フランスから独立（1953年）
1970-79	首都機能喪失。プノンペン市の荒廃	ロン・ノル将軍によるクーデター勃発。内戦状態へ（1970年） ポル・ポト政権（1975-1979年）
1979-91	水道事業再開。 *一時期、独立採算権を付与されるも、料金徴収できず、経営悪化し市直営にもどる。* 旧ソビエト連邦およびOxfam（英国NGO）による復旧支援	ヘン・サムリン社会主義政権。内戦継続 西側諸国による経済制裁続く
1991		和平協定締結
1992	フランス、イタリア、UNDPの支援再開 JICA「プノンペン市上水道整備マスタープラン策定」事前調査実施 *3浄水場のうち1か所は運転停止。配水管も老朽化。低水圧のため、不法な受水ピットが蔓延。普及率25%。盗水・漏水が多く、無収水率7割強*	国連カンボジア暫定統治機構（UNTAC）設立（1992年3月-1993年9月） 国際援助が再開
1993 2月	JICAマスタープラン調査団現地調査開始	ポル・ポト派妨害工作続く
5月		制憲議会選挙（総選挙）実施
9月	エク・ソンチャン（前プノンペン市商業局長、元電力局長）の水道局長任命	フンシンペック党と人民党新連立政権発足（ラナリット殿下第一首相・フン・セン第二首相体制） 「カンボジア復興国際会議（ICORC 閣僚級）」第1回会合開催
11月	「プノンペン市上水道整備マスタープラン（2010年目標）」の策定（JICA支援）	
1994-96	市内配水網の更新開始（仏） プンプレック浄水場の復旧（仏、日本） ・3政策の推進（無収水率改善、料金徴収率改善、料金体系の改善） ・顧客調査、メーター設置と料金徴収徹底。料金徴収係に歩合制導入。内外の不正報告奨励。 「プノンペン水道公社設立政令」の成立	「国家復興開発計画」「実施計画」（1994年） 「第一次社会経済開発計画（SEDP）（1996-2000年）」 （水と衛生および自立的事業重視） 「公社設立の一般原則勅令」（1996年）
1997	・第1回料金改定 ・公社化移行。理事会発足 　（財政・人事自主権獲得） ・組織再編（5部分担体制） チャンカーモン浄水場改修・拡張（仏） 市内配水網の整備進む（日本、仏、世銀、ADB） *黒字転換。料金徴収率9割へ*	武力衝突とラナリット第一首相の失脚

年	プノンペン水道公社(PPWSA)の歩み (イタリックは水道パフォーマンス指標等)	カンボジアのできごと
1998	・会計・事業システム導入(世銀) ・貧困層向け接続支援の開始(世銀) 市内配水網の整備続く(日本、仏、世銀、ADB)	第2回国民議会選挙。 フン・セン首相首班の連立政権成立。 ポル・ポト勢力が事実上消滅
1999	北九州市より専門家派遣の開始	ASEAN加盟。円借款の再開
2000	*メーター設置100%。* *普及率7割(市街地ほぼ100%)。無収水率23%* 郊外地区配水網拡充支援の開始(仏・世銀)	「国家水道政策」
2001-02	・第2回料金改定 ・貧困層給水支援制度の構築 　(世銀、パリ市長会) JICA小規模開発パートナー事業(テレメーターシステムの導入)(〜2002年) チュルイ・チャンワー浄水場改修・拡充(世銀)	「第2次社会経済開発計画(SEDP II) (2001-2006年)」
2003	JICA水道事業人材育成プロジェクト開始(〜2006年) ・テレメーターシステム整備(北九州市)、無収水率削減歩合制導入。 ・運転・維持管理OJT開始。 プンプレック浄水場の拡充(日本) *普及率8割。無収水率17%。* *マスタープランの早期達成見込み。*	プノンペンで反タイ暴動が起きる 第3回国民議会選挙 「国家貧困削減戦略文書 (2003-2006年)」
2004-05	プノンペン市から鉱工業エネルギー省傘下に移管 郊外地区配水網・給水拡充支援 続く(仏・世銀) 「アジア開発銀行・水大賞」を受賞	第2次フン・セン首相首班連立政権成立
2006-07	・標準作業手順書の確立、研修体制の充実 「プノンペン市上水道整備第2次マスタープラン (2020年目標)」の策定 JICAプロジェクトフェーズ2(地方水道支援) (2007-2012年)にパートナーとして参加 *普及率9割。無収水率8%。*	
2008-09	チュルイ・チャンワー浄水場拡充(仏)	第4回国民議会選挙 第3次フン・セン首相首班連立政権成立
2010-11	「ストックホルム産業水大賞」を受賞 ニロート浄水場新設工事開始(仏・日協調融資) *普及率7割(給水責任域が拡大)* *無収水率6%*	
2012	カンボジア株式市場に上場 エク・ソンチャン総裁退任。 シム・シター総裁着任。	

出典:PPWSA資料、国際協力事業団(2003)その他をもとに筆者作成

第1章

不正・腐敗の温床と化した市水道局
〜プノンペン市の水道事情〜

ポル・ポト政権により壊滅的打撃を受ける

　プノンペン市は、メコン河、トンレサップ川、バサック川の合流点に位置し、北東部をトンレサップ川、南東部をバサック川、北部、南部を湿原地域に囲まれている。5月から10月までの雨季と、11月から4月までの乾季からなる熱帯モンスーン気候である。平均気温は約28℃、年平均降水量は1,200〜1,400mmで、雨はほとんど雨季に集中して降る。

　プノンペン市の水道事業の歴史は古く、フランスの植民地時代の1895年まで遡る。当時の宗主国のフランスのインドシナ水道・電力会社がメコン河の西岸に完成させたのがチュルイ・チャンワー浄水場（1.5万㎥／日）とドンペン区の配水管網（40km）で、これがプノンペン市の水道事業の始まりとなった。

　1953年にフランスの植民地支配から独立した当時のカンボジアの首都プノンペン市は、カンボジアの政治・経済・商業・文化などの中心地であり、カンボジア全人口の1割の約40万人が暮らす。だが、完成から半世紀が過ぎた上水道設備は老朽化し、給水能力も全人口の約25％しかカバーできず、プノンペン市は深刻な水不足に悩まされていた。

　そのため、フランスの援助により、1957年にフランスのデグラモン社が配水管網の延長工事（36km）を実施。1958年には市の南部に、第2浄水

内戦で破壊されたチュルイ・チャンワー橋（のちに、日・カンボジア友好橋として復興された）
写真提供：JICA調査団

場としてチャンカーモン浄水場（1万㎥／日）を建設した。一方でカンボジア政府は、日本の戦後準賠償を上水道整備に活用した。1959年、日本の㈱クボタ建設がチュルイ・チャンワー浄水場の修復・拡張（4万㎥／日）と配水管網（32km）の延長を行っている。[1]

　1960年、カンボジア政府は、勅令によりフランス企業所有であったチュルイ・チャンワー浄水場をプノンペン市の管轄下に置き、プノンペン市の上水道事業のすべてを市の直営事業とした。[2] さらに1966年、第3浄水場としてプンプレック浄水場（10万㎥／日）を建設。これにより現在のプノンペン市の浄水・配水施設の基礎がつくられた。その結果、1960年代末のプノンペン市の給水の総施設能力は、15.5万㎥／日となり、配水管網の総延長も233kmに達した。[3] このようにプノンペン市では、独立後の国づくりの中で、着実に上水道施設が整備されてきていたのである。

　しかしながら、1970年3月の無血クーデターによりシハヌーク政権は崩壊。ベトナム戦争中の米国が支援するロン・ノル政権が誕生し、そこから内戦が激化していく。とりわけ1975〜79年のポル・ポト政権時代になると、プノンペン市からはほとんどの市民が地方へ強制移住させられたため、市内は空っぽとなり、ほとんどのインフラ施設が放置されたり破壊され、それらの施設を維持管理できる人材の多くも殺戮されてしまった。[4]

---

1) 当時のプノンペンでの建設工事の記録映画「新しい水の恵み」によると、クボタ建設は、鉄管やポンプなど主要資材を日本国内で生産してから持ち込み、しかも現場工事は手掘りであったため、日本からの派遣社員はもちろん、常時400名の現地作業員も突貫作業で7カ月間の工期内の完成を目指して奮闘したとのことである。
2) PPWSA（Phnom Penh Water Supply Authority）は、1960年に、プノンペン市の水道局「プノンペン水道公社」として設立されたが、一時期を除き、1996年12月に、公社としての法的な独立性を付与されるまでは、プノンペン市の直営部門であった。本書では、位置づけの変更をわかりやすくするため、便宜的に、1996年までのPPWSAを「プノンペン市水道局」と呼び、1997年以降を「プノンペン水道公社」と呼称することとする。
3) ここで利用したデータは、すべてPPWSAの資料からの抜粋である。
4) ポル・ポト政権時代（1975年4月〜1979年1月）には、過酷な労働と飢餓により死者が続出し、170〜200万人とも言われるように国民の多くが犠牲となり、しかも、特に医者や教師などの知識人が粛清されていった。

累積赤字と経営不振にあえいだ80年代

　1979年1月、ポル・ポト派は、ベトナム軍によってプノンペン市から一掃され、ベトナムの支援するヘン・サムリン政権が成立した。しかしその後も治安は安定しなかった。

　プノンペン市の上水道事業は1979年1月25日に再開されたが、ポル・ポト政権時代に長期間放置され、老朽化したままほとんど維持管理も行われていなかったため、水供給量は限定的とならざるを得なかった。特に、チュルイ・チャンワー浄水場は、1975～79年の間は運転が中断され、1983年以降は電力事情の悪化により、まったく運転されなくなっていた。

破損閉塞している市内への配水本管（遠くにチュルイ・チャンワー橋が見える）　　　　　　　　　写真提供：JICA調査団

ペンペン草の生えた沈澱池　　　　写真提供：JICA調査団

ヘン・サムリン政権下（1979〜91年）における海外からの援助は、当時のソビエト連邦（ソ連）と英国NGOであるOxfamからの援助に限られていた。

　ソ連は、1985〜88年まで、チャンカーモン浄水場の部分補修を支援し、ソ連での技術研修などの人材育成も行っている。また、プンプレック浄水場についても5,000㎥の貯水池2基の建設を開始したが、1991年12月のソ連の崩壊で技術陣が帰国してしまい、貯水池は底版と側壁の一部の基礎工事を終了したまま放置されてしまった。

　一方、Oxfamは1979年以来、プンプレック浄水場の運転・補修に地道な協力を実施してきていた。1986年以降はエンジニア1名を常駐させ、プノンペン市水道局職員に対する技術指導を行っている。このように、チャンカーモン浄水場とプンプレック浄水場は、ソ連とOxfamの援助を得ながらかろうじて運転されていたのである。

　プノンペン市水道局（PPWSA）は、1987年8月1日、当時のプノンペン人民委員会の決定により独立採算権限を与えられ、88年1月より水道料金収入による運営をスタートさせた。ところが、累積赤字と経営不振で財政的にすぐ破綻してしまい、約3年半後の1991年7月にはプノンペン市役所の直営部門に逆戻りし、あらゆる予算獲得や支出、人事権限が市の管理下におかれ、市からの補助金でかろうじて運営されることとなった。

　1980年代の水道局の状況をよく知る現副総裁の一人、ロス・キムリエン[5]は、ヘン・サムリン政権時代の水道局の様子をこう語る。

　「私がプノンペン市水道局に"掃除係"として入ったのは1980年です。当時、水道局には建物は1つ（現在のマネジメント棟）しかありませんでした。この建物の周りには椰子の木が森のように鬱蒼と茂っていました。また当時の月給はとても安く、10ドルにもなりませんでした。すべてが不足してお

5）1993年当時、31歳。94〜95年は会計課副課長、95〜97年は会計課長、公社化後の98年に会計・財務部長。1996年の公社化、2012年の株式上場などの重要な節目に、会計・財務システムの整備を率いてきた。2012年より現職。

り、政府の許可がないと物資も何も買えませんでした。

とにかく、水道局はとても小さな組織で、市役所の管轄下に置かれていました。また水道局には明確な経営方針がなく、マネジメントクラスのきちんとしたコミットメントもありませんでした。財務などについても同様で、やる気もありませんでした」

稼働していた水道施設は全体の4割

1991年10月23日、パリ和平協定が締結された。これにより、93年5月に実施予定の総選挙によって新政権が樹立されるまでの暫定期間中は、ヘン・サムリン派と三派連合[6]の4者参加のもと、ノロドム・シハヌーク殿下を元首とするカンボジア最高国民評議会（SNC）が、カンボジアを代表する唯一の機関として設立されることとなった。また、国際連合（国連）事務次長であった明石康を特別代表とする国連カンボジア暫定統治機構（UNTAC）が92年3月に発足。軍事部門と文民部門の二本立てで、1年半の期限内に総選挙を実施し、民主的な新政府の設立を目指すこととなった。

1992年3月に設置されたUNTAC本部　　写真提供：JICA調査団

---

6)三派連合とは、ポル・ポト派、シハヌーク派、ソン・サン派のこと。

ここで、当時のプノンペン市の水道事業について、改めて概観したい[7]。

当時のプノンペン市域は、市街地4区とその周辺地区からなっていた。1992年の市総人口は約68万人であったものの、昼間は市内人口が100万人にも達したという。しかし、配水管網はその20％しかカバーできていなかった。

1979年のクメール・ルージュ（ポル・ポト派）支配からの解放以降、地方に強制移住されていた旧住民の帰還あるいは農村からの移住により、市街地のみならず周辺地区への定住化が進行していた。維持管理されないまま放棄されていた市街地のインフラ復興はもとより、周辺地域の都市基盤の整備は急激な人口増加に追いつけず、水道に限らず市民生活に欠くことのできない電気、下水、通信、ゴミ処理など、市が抱える課題はさらに大きくなっていた[8]。

水道局は、当時1人1日当たりの水需要を200リットルと設定。プノンペン市の人口が約68万人であることから、全体の水需要を約14万㎥／日と推計した[9]。

水道局の3浄水場（プンプレック、チュルイ・チャンワー、チャンカーモン）は、もともと15.5万㎥／日[10]の施設能力を有していたものの、前述したとおり、施設の長期間の放置や老朽化による機能不全、補修用のスペアパーツの入手困難、経験ある技術者の不足、財政難などにより厳しい状況に陥っていたのだ。

1993年当時の実質的な給水量は、プンプレック浄水場で6万㎥／日、チャンカーモン浄水場で0.6万㎥／日、チュルイ・チャンワー浄水場は休止

---

7) 第2章で後述する「プノンペン市上水道整備計画調査／事前調査報告書」(1992年11月、国際協力事業団)やPPWSAの資料などから抜粋している。
8) 1993年当時、すでに市街地への人口流入傾向、市北西部のニュータウン、西部の工業団地等の計画があり、将来の水需要増加が見込まれていた。
9) なお、官公庁事務所、ホテル、事業所、水売り業者などに対しては、別途割り当てが決められており、それらの需要は、約20,000㎥／日とされていた。
10) JICAの事前調査報告書では、施設能力として、PPWSAのデータである14万㎥／日が使用されていたが、のちに、PPWSAは15.5万㎥／日に修正している。

中のためゼロ。したがって、総給水量は6.6万㎥／日に留まり、約4割の稼働率であった。

同様に、市内の電気供給も不十分であった。市の給水を賄う主要浄水場であるプンプレック浄水場でも、運転は午前4時から午後6時頃までの14〜15時間に限られ、治安も悪く夜間運転が不可能で、これらが配水管内の水圧低下の最大の原因となっていた。さらに、短時間の停電も頻発していた。

漏水、水圧不足、不法接続や盗水も

当時、市内には総延長233kmの配水管が布設されており、約2万6,000戸の各戸給水のうち約2,000戸に水道メーターが設置されていたといわれる。しかし実際のところ、配水管網の状態は充分に把握されておらず、管理状況も不十分であった。給水管の約半分で漏水があり、また広範囲な水圧不足、市の南西部に残された配管未整備地区の存在、不法な配管接続による盗水等の問題が山積みされていたのである。

市内への給水は浄水場からポンプ圧送されていたものの、能力不足が顕著で、浄水場から遠い市の南部地区では低水圧地域が広範囲に広がっていた。これらの地域では、個人があちこちに直径1メートル程の井戸型の「受水ピット[11]」を設置し、市の配水管から直接水を引いて貯水したり、そこから小型ポンプを数台設置し民家へ給水したり、水売り業者へ販売するなどしていた。当時、市内には公共水栓がなく、ドラム缶をリヤカーに乗せた水タンク（0.2㎥程度）をバイクなどで引く水売りが多数見られたという。

2,000箇所近いこの井戸型の「受水ピット」は、いずれも個人で設置したもので、市はまったく管理できていない状況だった。料金請求できる場

---

11) 当時、この受水ピットは、『パブリック・ウェル』とも言われており、道路の地下の配水管付近に井戸を掘り、水を溜めるというもの。（図表1-1 参照）

図表1-1　低水圧地域のあちこちに設置された井戸型受水ピット

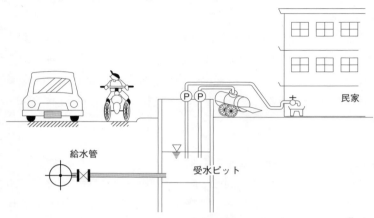

出典：国際協力事業団「プノンペン市上水道整備計画調査／事前調査報告書」

合でも、利用者数の推定に基づき水道料金を請求していた。給水圧が低いため、各戸へひいた給水管に勝手に小型ポンプをつないでいる利用者もいた。こうした方法は配水管内にさらに負圧を生じさせ、漏水箇所から外部の汚染地下水や下水を管内へ混入させる原因ともなっていた。当時、朝の一時期、黄色い水が出る状況からも下水の混入が推測されていたようである。

　このように、プノンペン市を取り巻く水道事情は、まさに劣悪そのものであった。

第1章　不正・腐敗の温床と化した市水道局　～プノンペン市の水道事情～

私設の井戸型受水ピット　　　　　　　写真提供：JICA調査団

低水圧地域の受水ピットには小型ポンプが設置されている
　　　　　　　　　　　　　　　　　　写真提供：JICA調査団

日常的に使われていた受水ピット　　　写真提供：JICA調査団

壁を伝う「スパゲッティ配管」　　　　写真提供：PPWSA

水売り業者のリヤカー　　　　写真提供：JICA調査団

子どもの水売り　　　　写真提供：PPWSA

機能不全に陥っていた市水道局

　1993年当時のプノンペン市水道局は、局長の下に3名の副局長が配置され、6つの部（配水部、料金請求・徴収部、管理・人事部、会計・出納部、技術・修理作業部、検査部）と3つの浄水場（プンプレック、チュルイ・チャンワー、チャンカーモン）から構成されていた。職員の総数は、JICA報告書によれば93年当時429名とあるが、多くの証言によれば、出勤有無にかかわらず職員数は500名を超えていたようである。

稼働停止となって久しいチュルイ・チャンワー浄水場のポンプ所
写真提供：JICA調査団

　PPWSAによると、1991年の総支出16億8,000万リエル（約67万ドル）に対し、総収入は9億300万リエル（約36万ドル）。年間7億7,700万リエル（約31万ドル）の大幅な財政赤字を抱えており、すでに危機的な状況にあった。しかも、総支出の約70％は電気料金で占められており、この支出の大半が債務として累積していた。回収できた水道料金は全収入の65％で、残りの収入は各戸給水の接続工事費となっていた。

　一時、財政的裁量権を与えられていたPPWSAが、1991年8月に再び

プノンペン市の直営に戻ったことで、水道局に対する電力供給の安定が期待されたが[12]、浄水場の運営上欠かせない機械類の維持補修、薬品の購入などへの予算措置は十分ではなかった。また配水管網の維持管理費用はまったく計上されないなど多くの問題があった。

日量10万㎥の供給能力が半減近くに落ちている(プンプレック浄水場)
写真提供:JICA調査団

　水道局内の組織・運営システムも未熟と言わざるをえなかった。留学経験等のある数名のエンジニア以外は経験も知識もなく、適材配置も行われなかったため、計画性のある財政運営には程遠い状況であった。

　当時の水道料金は、92年1月までが32リエル(約1セント)／㎥、その後は料金改定が行われ、家庭用166リエル(約6セント)／㎥、産業用515リエル(約20セント)／㎥となった。しかし、水道利用料は大口、小口の差はなく一律で、しかも収支バランスによって毎年のように見直され、その都度改定が行われていた。

　このように、当時のプノンペン市の水道システムはほとんど機能しておらず、水道局もまともな事業運営ができない状況だったのである。

---

12) 1991年8月、PPWSAがプノンペン市の直営になったことにともない、市はPPWSAに対し30万kw／h・月を限度に電力供給を実施している。

第1章 不正・腐敗の温床と化した市水道局 〜プノンペン市の水道事情〜

金網の張られているプノンペン市水道局の支払窓口
写真提供：JICA調査団

　当時のカンボジアの人口は879万人。プノンペン市以外の地域については、公共事業運輸省あるいは農業省が本来水道事業を管轄することとなっていた。しかし、両省の実施体制が整わず、保健省は1983年以来、国連児童基金（ユニセフ）の援助の下で、深井戸建設と手押しポンプ設置による給水整備事業を展開していた。

　残念ながら、水道をはじめとする生活基盤に対する政府の整備方針はなく、これから確立される段階であり、海外からの援助にすべてを頼らざるを得ないのが実情であった。

どうやって儲けるかだけを考えていた

　1993年当時の水道局の劣悪な職場環境について、その後、技術部門で能力を思う存分に発揮し、現在は副総裁を務めるロン・ナロー[13]が語る。

　「雨が降れば建物の中でも水浸しになってしまいました。また、組織はとても不可解で言葉にできないほどでした。職員はみな自分の利益だけ、自分が儲けることだけしか考えていなかった。私はやる気満々でしたが、そういう考えを口に出すことさえできず、本当に辛かった。

---

13) 1993年当時29歳、97年に技術・事業部長となり、2002年より副総裁。2012年より、配水管敷設などの工事を受注実施する部門（水衛生事業会社）の担当副総裁。

職場には派閥がありましたが、結局自分は入れませんでした。私はドイツ語が話せたため、Oxfam（英国のNGO）のドイツ語が話せる英国人と一緒に働いていたために、疑いをもたれてしまったったのです。当時のカンボジアは社会主義国でしたので、何か情報を流しているのではないかと。
　また当時は、技術者としての力量を発揮できる環境ではなかったのです。例えば、時間稼ぎをして利益を得ようとしていました。何を言いたいかというと、30分で解決できることを3〜4時間の時間をかけ、わざと水が出ない状態を続け、市役所や他のところからお金をたくさん出させようとしました。そうやって稼ぐしかありませんでした。だから、残念ながら技術者としてのプライドなどまったく持てませんでした。しかし私は、『いつの日か仕事で成功してみせるぞ』という思いだけは常に強く持ち続けていました」
　ロン・ナローと同様に、技術面で力を発揮してきた副総裁の一人であるサムレット・ソビチア[14]も、当時の水道局での仕事ぶりを生々しく語ってくれた。
　「最初は誰も私に仕事を与えてくれませんでした。誰も自分の明確な仕事を持っていなかったからです。ただ毎日座っているだけでした。それでも、当時一番働いていたのは、市民に水道管（給水管）を引く担当者たちでした。彼らはグループを形成し、水道局の出入り口のところで、客が来たら非公式に値段交渉をして自分たちの懐にお金を入れていたのです。どこの部署が水道管設置の担当かということすら決まっておらず、今とはまったく違いました。当然、違法な水道管の設置になるのですが、そのグループを通さないと実際には水道管を設置することはできなかった。彼らは金持ちの一味で、夕方になると飲んでは騒いでいました。彼らは驚くことに、当時の水道局長の兄弟・親戚や息のかかった者たちばかり。私は、賄賂をもらえないような技術系の方に追いやられていたのです」

---

14) 1993年当時、29歳。94年に技術部副部長となり、累次の援助プロジェクトの管理を担当。計画・事業部長を経て、2012年より現職。

サムレット・ソビチアの証言は続く。

「当時こんな事がありました。私の親戚が給水管を引こうとしていました。その親戚の家はメコン河委員会の事務所の裏にあり、モニボン通りの配水本管から各戸用の給水管を事務所の近くを通ってその親戚の家まで引くのに1,000ドルかかりました。そのグループは、私の親戚から1,000ドルを得て、私にも紹介料だと言って100ドルをくれました。いわゆる賄賂です。もちろん、良くないことだとは思いましたが、受け取らなかったらもっと大変なことが起こることも想像できました」

水道局で一番貧しかったのは、浄水場で働くワーカーたちだった。それほど知識もない彼らは収入が低く、凝集剤として使うアルミニウム粉末（硫酸アルミニウム）を盗んでは市場で売ってお金を稼いでいた。それが発覚すると、チャンカーモン浄水場に異動させられた。この浄水場はとても小さく、盗むものもすることもなかったのだが、"お仕置き部屋"とも言われたという。特別な『再教育』を受けさせられたようだ。

「誰も組織のため、他人のために働くなんてことはしていませんでした。自分のため、自分の派閥のためだけだったのです。ほとんどの人々は家族を養うために、どうやったらお金を稼げるかということばかりを考えていた。給料が本当に安く、20ドルぐらいしかもらえませんでした。

明確な組織もなく、役職もなく、ただ流れに従って働くだけで、本当に不正だらけでした。当時は私も若かったので、何が起きているのかを分析することもなく、どんな仕事でもやりました。電線を引っ張ったり、電線を埋めるために壁に穴を掘ったり、メカニックの仕事もなんでもやりました。文句も言わずに、専門でないこともすべてやりました」

エク・ソンチャンが水道局長に就任

1993年9月11日、このように不正と腐敗が蔓延する当時のプノンペン市水道局に、新たな水道局長として就任したのがエク・ソンチャン（当時43

歳）であった。エク・ソンチャンは、プノンペン市の商務局長から水道局長に任命された。しかし彼に水道事業の経験はなかった。任命に至ったいきさつをみずからこう語っている。

「1993年の総選挙の結果、フンシンペック党が勝利し、人民党との連立政権が誕生しました。当時の市長はフンシンペック党の方でした。その頃、外国からの支援がカンボジアに入り始めており、市役所では外国語ができる職員が必要となっていました。私は英語があまりできませんでしたがフランス語ができたので、通訳をよく頼まれるようになりました。

当時も日本企業とのかかわりがあり、ある日、フランス語を話す日本の商社の方が市役所にやって来られました。その際、市長の通訳をさせられたのですが、面会後、市長から私に、『これから、どんな仕事をしてみたいか』との質問がありました。その時、チア・ソパラー副市長（のちに市長、そして現在は農村開発大臣）が同席しており、後日、私に、『水道事業をやったほうがいいよ』と勧めてくれたのです。外国からさまざまな支援が水道分野に入り始めていたため、やりがいがあるのではないかと。『いつまでここにいても、何にもならないよ』とも言われました。それが、決断のきっかけとなりました」

チア・ソパラーは、1981年以来、プノンペン市においてエク・ソンチャン

エク・ソンチャン新水道局長（のちPPWSA総裁）
写真：久保田和也

と仕事を共にしてきた。水道分野の経験のないエク・ソンチャンを腐敗組織として評判の芳しくなかった水道局の長に推挙したのは、第一に、プノンペン市の水問題の解決が最優先だと考えたからだ。またチア・ソパラーは、「彼にはハートがあったからだ」と語っているように、エク・ソンチャンという人物への信頼と、市として水道局の立て直しに強い期待感があったことを伺わせる。後述のとおり、その後もプノンペンの市長として、常にエク・ソンチャンへの支援を惜しまなかった。

職員の9割が「再建は無理だ」

エク・ソンチャンは、1950年3月10日、コンポントム州コンポントモーに4人兄弟の末っ子として生まれた。兄2人、姉1人で、兄の1人はすでに他界し、残りの兄と姉は今もコンポントモーにて農家を営んでいる。カンボジア工科大学（ITC）で電気工学を学び1973年に卒業。1973〜75年は、プノンペン市トゥールコック区にあるボンカック高校にて物理を教えた。1978年に結婚し、4人娘の父親となった。

1975〜79年のポル・ポト政権下では、バッタンバン州モーンにて農業に従事。ポル・ポト政権崩壊後の1979〜80年には、プノンペン市において一時屠殺業の仕事をした。その後81年より、プノンペン市の商務局の役人となり、91〜92年は電力局長、92年から商務局長を歴任したのち、93年9月より水道局長（97年より組織が公社化され、プノンペン水道公社総裁[15]）を務めた。

プノンペン市の水道局長に任命されたエク・ソンチャンであったが、水道事業に関してはまったくの素人だったため、まずは予断をもたずに内部をつぶさに観察することより始めた。就任当時の状況を彼は次のように語る。

「最初は、技術以前に、水のこともまったく何も知りませんでした。ただ

---

15) エク・ソンチャンは、2012年6月にPPWSAを退き、鉱工業エネルギー省副長官を経て、2013年12月より、工業・手工芸省長官。

私は、学ぶことはそれほど難しくないと考えていた。むしろ学んだことを使って実行することの方が難しいことを知っていました」

エク・ソンチャンの職場環境もまた劣悪だった。一雨降ると床が水浸しになった。職員は、1つの机に3人が一緒に座って仕事をするありさまで、局長である彼の机ですら脚が1本なかったという。

「そんな職場だったのに、一部の職員には毎日お酒が飲めるほどのお金があったのです。当時の水道局には500人ほどの職員がいましたが、実際に仕事をしていたのは100人もいなかったと思います。その他の人は、来てもすぐに帰ってしまった。もちろん、お金がいっぱい入ってくるからと、一生懸命に働く人もいました。中には、個人住宅の水道管（給水管）をつなぐだけで5,000ドルを受け取るケースもありました」

このように水道局は組織としての統率力がなく、まったく崩壊しているような状況だった。誰が何の仕事をしているのか、何をすべきなのか、役割も何も決まっておらず、誰かが好きなように誰かを部下に使っていた。上司もいなければ、だれが部下なのか、礼儀も倫理も何もない。技術を持っている職員の中には、自分で勝手に水道管を引いて売る者もいた。そんな中でも、エク・ソンチャンは自分を失うことはなかった。

「局長に就任してから約1カ月間ほどでしたが、前局長にそれまでの仕事をさせておいて、私は内部調査を行うことにしました。具体的にどのような問題があるのか、何が起こっているのかを実際に自分の目で見て、聞いて歩いたのです。私は水道局の多くの職員に直接話を聞きましたが、90％以上の職員が水道局の再建は望めないし無理である、とまったく希望を失っている状態だったのです」

盗水した水を売っていた前局長

このように、1993年当時の水道局はまったく機能しておらず、それどころか不正と腐敗が蔓延する状況にあり、職員の誰しもが組織の変革は到底

無理であると考えていたのである。

 だが、エク・ソンチャンは違った。持って生まれた性分で、みずからの前に立ちはだかる困難が大きければ大きいほどチャレンジ精神が湧いてくる。むしろ武者震いを感じていた。水道局の改革が、一筋縄ではいかないやりがいのある挑戦であると再認識し、腐敗しきった水道局の立て直しに真っ向から取り組んでいくことを決意したのである。

 水道局長に就任したばかりのエク・ソンチャンは、最初の約1カ月間で現状把握に努めたが、同時に、差し迫る課題を解決するという初仕事をこなさなければならなかった。水道局は長く放漫経営を続けてきたため、凝集剤としてのアルミニウム粉末を購入する資金さえない状況だったのである。

 エク・ソンチャンが当時の初仕事をこう語る。

 「アルミニウム粉末を買うための資金、5万ドルが緊急に必要でした。そこで、市長のところへ行って相談したところ、逆に日本に支援してもらえるよう掛け合ってほしいと言われたのです。

 幸いなことに、援助機関である世界銀行（WB）や国連開発計画（UNDP）が、各国大使館を集めて会議を開いてくれ、何とか日本大使館からの支援が決定しました。ですから、私の初仕事は外国からの支援を得ること、具体的には日本大使館で書類にサインをしたことでした。お金をいただいて凝集剤を購入するのが最初の仕事だったのです。1993年9月末の着任直後の話です」

 やがてエク・ソンチャンは、内部調査の結果、次の事実を突き止めた。前任の局長が自分用の配水管を持っていて、モニボン通りからオルセイ・マーケット（市場）に折れる道を通って自分の家まで引いていることがわかったのだ。彼の家はスプーミァというお寺の近くにあった。モニボン通りの配水本管は太く水量が多かったので、彼はそこから水を引いていたのだ。

太い配水本管から分岐した配水管であっても、当時は1日に5時間ほどしか水は出なかった。しかし、彼は配水本管の下側から水を引くことで、24時間配水を可能にしていたのである。それだけでなく、その水を近所の集落一帯に売っていた。にもかかわらず、この前水道局長は水道局に対し、一銭のお金も納めていなかったのである。

　また、別のボス格の人物は、1日10人の新規顧客を確保し、1件あたり250ドルほどのお金を稼いでいた。つまり毎日2,500ドルほどを一人で荒稼ぎしていたのである。この人は今はもっと大物になっているという。

配水管から違法分岐させて盗水する　　　　写真提供：PPWSA

　このように、約1カ月間の現状調査を経て、エク・ソンチャンは、プノンペン市水道局の実態と課題を正確に把握した。特に、前水道局長が配水管から自宅に水を引き不当なビジネスをしている事実を把握し、その是正こそが優先すべき課題であると気づいた。なぜなら、水道局内において同様な盗水行為が他にもあり、水道局職員ですら、ほとんど誰も水道料金をまともに支払っていなかったからである。こうして、エク・ソンチャン局長の不正や腐敗との闘いの日々が始まった。

　エク・ソンチャンは、当時の取り組みを次のように振り返る。

　「前局長は、水道局を辞めたのではなく、私の下で副局長となってまだ残っていました。彼は、自分で勝手に公共の水を引いておいて、お金

トラックのタンクに水道水をくみ上げる水売り業者
写真提供：PPWSA

を払っていなかったのですから、当然、私とは対立することとなりました。派閥をもっていましたし、取り巻きも50〜60人はいました。今でも彼らの一部はここで働いています。

　私は、いろいろと情報を集め、それに基づき組織を生き還らせるために必要な対策を立てました。約1カ月の調査のあとに最初にやったことは、前局長に勝手な盗水を止めさせることでした」

　エク・ソンチャンは、まず自分の家に水道メーターを設置したうえで前局長に会い、盗水をやめるよう説得を始めた。「もしやめないのであれば水を止めるか、あるいは水道メーターを付けて料金を徴収する」と宣言をしたのである。そして、「料金を払わないのであれば、やはり水を止める」と。

　「もちろん、すぐには説得に応じてくれませんでした。何度も説得し、ようやく彼はしぶしぶ了解してくれました。快く了解してくれたのではなく、逆に『怒り』をもって了解してくれたのです。前局長がしぶしぶでも盗水を止め、水道メーターを付けてくれたことにより、彼の取り巻き連中もしだいに水道メーターを付けてくれるようになりました」

"水のお化け" "水の鬼"の紙上攻撃に屈せず

　このようにしてエク・ソンチャン水道局長は、前局長やその取り巻きの職

員らに水道メーターを付けさせ、盗水を防ぐことに少しずつ成功していったが、彼らの嫌がらせや抵抗はその後も手を替え品を替えて執拗に行われた。

　1994〜95年にかけて、利用者に水道料金を支払ってもらうため、法律順守を呼び掛けていた頃のことである。国内最大の読者をもつ1969年創刊の日刊紙『コ・サンテピアップ（平和の島）』紙には、毎日のように一面トップにエク・ソンチャンのおかしな顔の写真と記事が掲載され、"水のお化け""水の鬼"と攻撃された。水道局で圧政をしいているとか、不正をしているとまで書かれた。それでもエク・ソンチャンは、言いたい人には言わせておけばいいと、見て見ぬふりをしていた。

　当時、スルンという高齢の作業員クラスの職員がいた。大酒飲みの図体の大きな男で、毎朝事務所に来ては悪態をついており、どうやら、誰かが彼にいやがらせをさせていたようだった。エク・ソンチャンが振り返る。

　「スルンが何度もそんな風にするので、私は逆に彼の家族を支援して、彼にとって助けになることをしていました。のちにスルンが亡くなった時に、彼の妻子が私のところに来て、とても感謝をしていると言ってくれました。恨みを晴らすのではなく、いいことで仕返しをする——というのが、このような時の私の対処法でした」

　このように、エク・ソンチャン水道局長はあくまでもトップとしてみずから襟を正す態度を貫くとともに、共通のルールを浸透させ、困窮する人々には温情で対するなど、この時期にリーダーとしての身の処し方を確立していく。こうしたリーダーとしての自覚が、その後の彼の意思決定や行動にも見受けられる。

　このような清廉なリーダーとしての自覚を持った人物は、カンボジアの歴史を見ても非常に稀有な存在と思われる。彼の持って生まれた性分に加え、これまでの生い立ちが多分に影響を及ぼしていたに違いない（彼の半生については、章末NOTE 1参照）。

エク・ソンチャンのリーダーシップ論

　傑出したリーダーとして『プノンペンの奇跡』をうみ出したエク・ソンチャン。彼は自身が考える「リーダーシップ」について次のように語っている。

　「私は、リーダーとして、必ず4つのことを守るべきだと思っています。

　1つ目は、慈悲や慈愛の心を持つこと。

　2つ目は、助けるべき人に対し、支援や施しをしてあげること。

　3つ目は、えこひいきをしないこと。怖いからといって取り入ったり、褒めたりしてはいけない。憎いからといって、憎しみにまかせて人をけなしたり、叱ったりしてはいけないのです。

　4つ目は、どんな身分の人であろうと平等に教育を施すこと。カンボジアでは、『若芽を摘むな』という諺があります。せっかく出てきた芽を、自分より大きくなっては怖いからと摘み取るようなことは、絶対にしてはいけないのです。

　人々の見本、手本となるのがリーダーです。清廉潔白、品位を備えた人格、仕事に対するプロフェッショナルな姿勢――リーダーたるものすべてのモデルとならなければなりません。

　私は、組織の中で仕事するときは、前もって必ず宣言をします。何をどうしたいのか、その仕事の目的や意義をみんなに伝えてからやります。最初にルールを提示し、守ってほしいことに対する共通認識をもち、そこから仕事を始めるのです。

　そのうえで、各人が自発的に計画し（イニシアティブ）、相談をしながら（コンサルテーション）、リーダーの承認を得たうえで（エンドースメント）、実行する（インプリメンテーション）という循環が重要になるのですが、そういうルールを決めたのなら、全員が『絶対にそれを守る』ということを徹底していく――これが私のやり方です」

　エク・ソンチャンの強力なリーダーシップこそが、プノンペン市水道局の改革断行を可能にする大きな原動力であり、『プノンペンの奇跡』のきわ

めて大きな要因の1つであった。

そして、彼のリーダーシップを外から支えてきた人たちがいる。それは、日本を含む海外からの技術者であり、JICAの専門家たちであった。彼らは、知識と経験に基づくその堅実で士気の高い仕事ぶりによって、エク・ソンチャン自身の士気も支えてきたのである。

実のところ、連日のような新聞紙上のネガティブ・キャンペーンにはエク・ソンチャンも心底困憊し、もうやめたいと思うこともあったと漏らしている。しかし、そのようなとき、その後10年にわたり水道局の施設・設備の改修・拡充支援に関わった技術者の一人であった芳賀秀壽(東京都水道局出身。第2章参照)からの、「日本も同じような状況から這い上がってきた。だから踏ん張れ」の一言に心より励まされたという。

留学経験者や大学出身者でチームを結成

エク・ソンチャンが水道局長に就任したちょうどその頃、彼は、将来上司・部下という関係を超えた深い「絆」を築いていく若手職員らと出会った。エク・ソンチャン同様、地獄のようなポル・ポト時代をやっとの思いで生き抜いてきた若手職員たちだった。

この若手職員らはどのように新水道局長の就任を迎えたか。前述した現副総裁の一人、サムレット・ソビチアが当時を振り返る。

「当時、私の給料はオートバイのガソリンを入れるだけで1カ月分の給料がなくなってしまうほどわずかなもので、一緒に生活をしていた母親にご飯代を出してもらうありさまでした。1993年に人事異動があり、エク・ソンチャン新局長が就任しました。当時は水道局内に多くの反発があり、中でも前局長が猛烈に反発して、新聞を使ってエク・ソンチャン局長の批判を多数書かせていました。『水道事業の経験もないのにどうして水道局に来るのだ』とも書かせていました。しかしエク・ソンチャン局長は、『私は政府の任命によって来たのです。これからは一緒にいい仕事をしていこう』と呼

びかけました。

　エク・ソンチャン局長が、最初の挨拶の時に、『私に1カ月間の時間を下さい』と言っていたのを今でもはっきり覚えています。『その間に水道局のことを調査するので、その間は今までどおりにしていて下さい』とも言っていました。彼は一人で水道局内の調査を始めたのです。当時の私たちは、水道局を組織として評価することはできなかった。しかし、エク・ソンチャン局長は局内のいろいろな人にインタビューをして、組織のあらゆることを調べていきました」

　内部調査の結果、若手職員にも専門分野を学んだ職員が少なからずいることを知ったエク・ソンチャンは、彼らの中にチャンスを見出していく。まず、東ドイツやソ連などへの留学経験者や、大学出身者で専門分野を勉強してきた職員で10名程の「チーム」を結成し、水道事業を改革していく方法を一緒に探していったのである。ちなみに現在の水道公社の副総裁クラスは、ほとんどがこのチームのメンバーである。

　エク・ソンチャンは、この若手チームを愛すべき同僚として、フランスの小説になぞらえて「三銃士チーム」、また「マイ・チーム」と呼んだ。当時の水道局長には独立した人事権や予算権限がなく、人事再編は容易ではなかった。やむを得ず既存の古参管理職を残したまま、若手職員に係長や副課長などのポストを与え、実質的な役割を担うようはっぱをかけていった。

　当時の若手専門職員によるチーム結成と人事措置に関して、エク・ソンチャンが想いを語ってくれた。

　「あるロシアの偉人が、『三人が合意すれば不可能なことはない』と言っています。カンボジアにも『一人で地球を頭に乗せるな』という諺があります。自分の望みを一人だけの力で達成できる人はいないという意味だと思います。もちろん人に頼ってばかりではなく、自分でできることは自分ですることも大切ですが」

チームを結成するにあたり、エク・ソンチャンは、「自主性」を持っているかどうか、「意識」が高いかどうか、さらには、それぞれが高い「能力」の持ち主であるかどうかを重視したという。

　「どちらかといえば、能力よりも意識の高さを優先しました。なぜなら、能力を高くするよりも意識を高くする方がずっと難しいからです」

「能力」の高さより「意識」の高さで人事を行う

　このようにして結成したチームであっても、みな同じ人間ではなく、異なる性格を持っているので、その役割も相手に応じて変えていく必要がある。カンボジアには、「曲げられる木は車輪にして、曲げられない木では棒を作る」という諺がある。つまり、それぞれの性質に合わせた用途に用いることがベストだということだ。

　エク・ソンチャンは人事においても、「好き」「嫌い」といった個人的な感情に左右されることはなかった。その人ができるかできないか、「意識」があるかないかをじっくり見極めたうえで、すべての人に対して公平に対応した。また、対応のルールに「透明性」を持たせるため、その人を任命した理由がわかるように、みなが理解できるように心がけた。

　「もちろん、政治的な介入があるとこちらが思うようにはいきません。政治任命により水道局に配置された幹部の一部には、能力も意識もなく、やりたくないのにいるような人たちもいました。これは、今に至るカンボジアにおける解決の難しい政治問題の1つです。私はそういう人たちは放っておきました。私の直属の部下である当時の若手職員たちは、このような私の『意識』を受け継いだ人たちであり、みなその『意識』を持って仕事をしてくれました」

　1980年代から水道局に勤務していたロス・キムリエン現副総裁は、エク・ソンチャンのチームメンバーとなった時の喜びを語る。

　「確か1993年の末、エク・ソンチャン局長が入って3カ月目頃に、彼は

若い技術職員らを集めました。彼が見つけた課題をどのように解決すべきかについて、一緒に話し合いの場を持ったのです。それぞれの専門に沿って、誰が何をできるのかを真剣に一緒に考えていきました。それ以来、私たちには光が見えてきたのです。それからは、みなが高い意識と決意を持って、手を携えて仕事に取り組み、困難に挑みました」

同様にチームメンバーとなったサムレット・ソビチア現副総裁は次のように回想する。

「内部調査のあと、しばらくしてから、エク・ソンチャン局長は学士を持っているエンジニアらを集めてこう言いました。『これからは、きちんとした知識を持っているエンジニアが必要になります。だから将来の水道局のためにも、もっともっと勉強をしなさい。給料は資金を得てどうにか補てんをしていきます。これまでより良い給料を出せるように努力していきます』と」

このようにエク・ソンチャンは、不正や腐敗に染まった職員に対しては、是正ルールに従わなければ職位の引き下げなど断固たる処分をとり、政治任用のやる気のない古参幹部らについては退職の時期を待った。その間に、若手の中で専門分野を勉強してきた「意識」の高い人材とチームを結成し、水道局の課題をともに解決する方法を模索していった。

そして、一人ずつ人物を見極めながら、これらの若手人材に研修の機会を与え、実質的な管理職ポストに登用し、責任のある仕事に就かせていった。

このようなエク・ソンチャンの熟慮に基づく大胆な人事は、硬直化し停滞していたプノンペン市水道局（PPWSA）の組織改革を推し進め、また組織を活性化させるうえで大いに役立った。『プノンペンの奇跡』を可能にした重要な要因の1つといえよう。

エク・ソンチャンがPPWSAを改革する決意を固めた頃、次章で紹介するJICAの開発調査「プノンペン市上水道整備計画調査」（マスタープラ

ン策定調査）は終盤を迎えていた。㈱東京設計事務所と㈱日水コンの合同調査チームによって、水道システムの改善・拡張のための長期計画（マスタープラン）が取りまとめられていたのである。

　エク・ソンチャンは、このマスタープランの中で示された3つの提言を拠り所（指針）に、PPWSAの改革に本格的に踏み込んでいった。

第1章　不正・腐敗の温床と化した市水道局　〜プノンペン市の水道事情〜

| NOTE 1 | エク・ソンチャン水道局長の半生 |

　エク・ソンチャンは自身の生い立ちについて、これまで略歴以上のものは、身の周りの関係者に対してもほとんど明らかにしてこなかった。過去の苦い記憶にはあまり触れられたくなかったと推察されるが、そのため、かえってさまざまな関係者の憶測を呼び、多くの伝説のような逸話がまことしやかに伝わっている。とりわけ、ポル・ポト時代には、現在のフン・セン首相らと共にベトナムへ逃げ、その後、ベトナム軍と共にプノンペンに凱旋したので、フン・セン首相とも親しい関係にあるといった逸話も伝わっている。

　しかし今回は、そのエク・ソンチャン本人が、これまで語ることのなかった自身の半生を明らかにしてくれた。その中には、カンボジアの状況を踏まえればこれまで明かせなかった内容も含まれている。ポル・ポト時代を生き抜いてきたカンボジア知識人の数奇な運命の物語の1つがここにある。

　少し長くなるが、幼少期より、ポル・ポト派による強制労働時代までの彼の半生をここに記しておきたい。

＊

　私の父は軍人でした。しかも、クメール・ルージュ（ポル・ポト派）の地域リーダーでした。シハヌーク前国王が1970年に失脚する頃には、一時的に民間人となっていましたが、1975年のクメール・ルージュ蜂起の際に、彼もそれに参加しました。そして76年にクメール・ルージュによって処刑され亡くなりました。私は、コンポントム州バライ郡コンポントモー・コミューン（村）の出身です。

　実は、クメール・ルージュの最高指導者であったポル・ポトは、私自身の直接の先生でもありました。私にとって彼はとても良い人で、また人格者でもありました。私は父の友人に預けられ、小学1年から5年までプノンペンで勉強をしており、夏休みなどの休暇になると、彼のフランス語の補習クラスに通っていました。彼は、「カンプチア・ボット（カンボジアの息

子たち）」という塾を開いていて、貧しい人のために公立学校が休みの時にクラスを開いていました。

　ちなみに、小学6年から中学校までは、地元のコンポントモーで勉強をしていました。高校は再びプノンペンに戻り、インドラデーヴィー高校（中高一貫校）に通い、大学はカンボジア工科大学（ITC）へ通いました。

＊

　当時のポル・ポトは清廉潔白な素晴らしい人で、不正など絶対にしない、むしろ不正を憎んでいる人でした。正義を求め、重視し、不公平をなくしたいと思っており、国民を愛し、国民のために何かをしたいという思いがとても強い人でした。当時の社会が不平等だったからこそ、ああいう運動に入っていったのだと思います。最初は彼も人々を解放するつもりで活動をしていたはずなのです。

　ところが、ポル・ポト政権ができ、彼に「欲」が生まれました。人は「欲」によって落ちてしまうもので、私はそういう人を数多く見てきました。彼にとっての最大の失敗だったと思います。

　ポル・ポト政権が誕生した1975年には、私は25歳でプノンペンにいました。ITCを卒業し、トゥールコックにあるボンカック高校で物理の先生をしていました。もちろん、今でも当時の生徒のことを良く覚えています。

　ポル・ポト政権が誕生した時、私もこの国は良くなるだろうと期待をしていました。だから、ポル・ポトがプノンペンを解放した時には、みなで国旗を揚げて喜び合いました。それから、タケオ州経由でバッタンバン州へ連れて行かれ、少しずつ何かが違うと思い始めました。だから、私は自分の経歴を隠すようになりました。父親がポル・ポト派のリーダーの一人だったということも隠しました。とにかく、自分は無学だという風に装って、石をたたいたり、酒を造ったりする労働者として働きました。

　ロン・ノル首相が失脚したのは国民のせいですし、ロン・ノル自身の失敗でもあったと思うのですが、最大の失敗は国民がポル・ポトを受け入れてしまったことでした。ポル・ポトは最初から虐殺をしたわけではなかった。国民は自由を与えられ、農地を与えられ、みな自由に生活をしていました。

ただ、「再教育」はすでに始まっていました。そして、1977年になって虐殺が始まったのです。

*

　私がいたバッタンバン州は「虐殺」が最も激しい地域の1つでした。バッタンバン州でも北部ではそれほど殺害はなかったようですが、私のいた地域は特に殺害が酷かったようです。村中の人々が次々に殺害されたところもありました。

　当時の私は、家族と一緒ではありませんでしたし、独身だったのが良かったようです。また工学の知識があったことも幸いしました。私はあるグループに入れられ、「オンカー（組織）」の命令でオートバイの廃品のエンジンを改造して発動機を作ったりして、何とか生き延びることができました。「サハコー（生産共同体）」にとっても利益になる人間ということで生き延びることができたのです。私は今でも鍛冶屋をやれます。ナイフやナタを作ったりもできます。筋肉質のこんな身体になったのはそのせいです。ハンマーを持って毎日毎日鉄をたたいていたのですから。

　また、私が生き残れたのは、食べ物がそれなりに豊富だったからでもあります。モーンという、プルサットとバッタンバンの間あたり（バッタンバンまであと60kmという地点）にいたのですが、独り身だったので家も持っておらず、いつも倉庫に吊ったハンモックで寝泊りをしていました。その倉庫は、トンレサップ湖に近く、湖で水揚げされた魚用の倉庫でした。

　当時は水牛で荷物を運んでいたのですが、水牛は暑さに弱いので、夜に荷物を運ばせていました。夜中に、自分が寝ているときに運んできた荷物を直接受け取って、倉庫の中に入れるという作業をしていました。作業後に魚をもらったり、プラホック（発酵した魚のペースト）をもらったりして食べていました。自分の仲間にもそれを分け与えたりもしていました。だから、こうして生き延びることができたのです。

　当時の私にとって、「死ぬ」ことはたいした問題ではなかった。「死ぬ」ことはどうでもよく、ただひたすら「自由」を強く欲していました。自由であることのありがたさ、大切さ、それを心の底から欲していたのです。

第2章

エク・ソンチャンのPPWSA改革
～JICAのマスタープランを指針に～

JICAの「マスタープラン」が道しるべに

　エク・ソンチャン水道局長がプノンペン市水道局（PPWSA）の新局長に就任したのは、1993年9月のことである。卓越したリーダーシップを身につけていたとはいえ、水道事業の知識も経験もない43歳の門外漢にとって、重度の機能不全に陥っていた水道局の建て直しはまったく先の見えない難事業だったに違いない。そんな彼の進むべき道を、具体的な改革の手順を、有能な水先案内人となって示し『プノンペンの奇跡』の扉を開いたのが、JICAが策定したマスタープラン「プノンペン水道事業の長期整備計画」であった。

　このマスタープランには、給水人口、浄水・給配水施設の整備、漏水の削減や24時間給水などについて、2010年を目標年とした数値目標が提示されていた。また、水道局の機能回復と正常化のために不可欠な組織・財務強化、人材育成、独立採算制度の導入など、具体的な改善目標が明示されていた。ほかにも、配水管網の整備や浄水場施設建設における援助の必要性、整備終了後の専門家派遣などへの提言が盛り込まれていたのである。

　JICAはマスタープラン策定のために、1992年に事前の調査団を2回派遣し、調査対象地域の現況確認をはじめとした現地調査のもとに整備計画を作成した。カンボジア政府はもとより、すでに水道分野の支援を始めていた世界銀行（WB）、国連開発計画（UNDP）、フランスなどの援助国との協議や調整を行ったうえで完成させた。最終報告書のマスタープランと、既存施設の緊急修復のための「緊急改修計画」の2つがカンボジア政府に提出されたのは1993年11月で、エク・ソンチャンが新水道局長に任命された2カ月後のことだった。（マスタープラン策定までの過程の詳細は、章末NOTE 2参照）

　エク・ソンチャンにとって、彼の就任とほぼ同時期に、水道事業の先進国・日本の経験と技術とともに、タイなどでのこれまでの国際援助経験を十

分踏まえて取りまとめられた、このマスタープランが策定されたことは幸運であった。彼は、JICA調査団が作成したマスタープランを水道事業改革のための「ガイドライン」、あるいは「実施指針」として、その後の行動計画や具体的な行動につなげていったのである。

　マスタープランを熟読したエク・ソンチャンは、その中の早急に実施すべき3つの提言に着目した。

　彼自身が述懐する。「1つ目は、『料金徴収率を上げる』こと。当時は、100件の請求書を発行しても、その半分も料金を徴収できていませんでした。2つ目は、『漏水率を減らす（漏水率の削減／盗水対策）』こと。3つ目は、『料金体系を改正する（水道料金の改定）』ことです。とにかく、この3つを私は最も意識して、どうすれば良いのかを徹底的に考えていきました」

全顧客リストを1年で作成

　エク・ソンチャンは、真っ先に、料金徴収率をどうやって上げればよいかを真剣に考えた。なぜならば、当時の水道局は財政赤字続きであり、凝集剤すら買えない最悪の状況にあったからだ。また、当時の水道局職員はほとんど誰もまともに働いておらず、2,000戸以上あったはずの水道メーターの設置状況さえも、誰一人把握していないようなありさまだった。

　さらに状況を悪くさせていたのは、当時の政治情勢だった。エク・ソンチャンは語る。

　「1993年以前は社会主義政権でしたから、水道局から請求書が届くと、怖いのでみなが黙って支払っていました。支払わなければ、他の申請も通らなくなってしまったからです。例えば、当時は隣の州へ出かけるにも申請が必要でした。だから、当時は請求書が届けば、みな黙って支払っていたのです。しかし、93年9月に新政権が誕生し民主主義政権になると、そのような申請が不要となりました。そうすると、請求書が届いても支

払わない人が多数出てきてしまったのです」

　エク・ソンチャンは、一軒ずつすべての家を調査しなければならないと確信した。どの家が水道水を使っているのかいないのか、誰がお金を支払っているのかいないのか——徹底的に調べるところから始めたのである。

　1994年に入ると、早速顧客リストを完成させるための顧客調査を開始した。市から100名の職員の動員を得て、ほぼ1年をかけ、なんと全リストを完成させていったのである。「顧客リストを何とか早く完成しなければならない」という切迫感が、彼を強く後押したようだ。この顧客調査は、彼にとって最初の大きな仕事となった。

　「当時、フランス人援助専門家として、水道関連企業のサフェージュ社から、ベアットロン・クロッシャーさん（JICAのマスタープラン策定調査時の調査メンバーの一人でもあり、現在はフランス開発庁所属）が来ていて、顧客調査の支援をしてくれることになりました。

　彼からは、これまでの経験上、10人1調査グループの面倒しかみられない、それ以上は無理だと言われました。その10人でも、1サンカット（町の単位）を調べるのに1年はかかるだろうと。プノンペンには70以上のサンカットがあるのに、そんな悠長なことをやってはいられない。第一、70年以上もかかったら、私は死んでしまっているじゃないか。

　彼とは何度も話し合いをしましたが、それしかできないと断られてしまいました。それならば、私は100人10グループで、できるかぎりやればいいじゃないかと決心したのです」

　クロッシャーは優秀な技術者だった。10人1グループで完璧な仕事をしたいと考えたのだ。しかし、当時の水道局には、完璧な仕事をしている余裕はなかった。

　エク・ソンチャンは、懇意のチア・ソパラー副市長に相談した。当時は、市役所には仕事がなくて溢れている職員がたくさんいて、100人を動員してもらえることとなった。そして、その100人が、みな喜んで一生懸命に働い

てくれた。

　1カ月ほど経つと、1度は辞退したクロッシャーがやって来て、グループに入れてほしいと申し出た。こうしてエク・ソンチャンは、ほぼ1年間をかけて調査を全サンカットで行い、必要な情報を得ることに成功した。プノンペン市内の水道管接続数は最終的に2万7,623件で、水道水が実際に届いている数がこの数字だった。

　当初の顧客リストには、2万6,881件ほどが載っていたものの、この戸別調査で、実際にはそのうち1万2,980件には水道管の接続がなく、逆に1万3,722件もの利用者には接続があるのにリストに名前が載っていなかったことが判明したのだ。

　この顧客リストは、フランスから供与された会計・請求システムに入力された。これにより、正確な顧客先に請求書を発行することができるようになったのである。

職員も拒否した水道メーターの設置

　水道水の正確な接続数が把握できれば、水道水の使用量に応じた料金徴収が可能になる。エク・ソンチャンは、1994年からWB、UNDP、日本などからの援助で調達された水道メーターを、これらの各戸に取り付けることにした。彼の2つ目の大きな仕事が、水道メーターの設置であった。

　「当時、水道メーターを取り付けている利用者はほとんどなかったので、水の使用量にかかわらず、同一料金を徴収していました。したがって、みな水道水を流しっぱなしにして無駄遣いをしていました。それでは駄目だと思い、私は次に水道メーターを取り付けることを決めました」

　1993年当時、メーターの設置は利用者の1割程度であり、メーターの設置されていない利用者には、使用量に関わらず、1人当たり1日80リットルの計算で料金を請求していたという。水道メーターの各戸への普及は容易ではなかった。

水道メーターを取り付けることに対しては、水道局の職員からですら多くの反発や拒絶反応があった。そんなことをすれば、水道料金を払わなければならなくなるからである。エク・ソンチャンは、真っ先に自分の家に水道メーターを設置した。次に職員の家に取り付け、最後に顧客というもくろみだった。

　しかしながら、これがいかに難しかったかは容易に想像できる。最初は、誰もOKとは言ってくれない。水を使えば水道料金を払わなければならなくなるし、水道メーターの設置料金はとても高く、各戸で100ドル近くの新たな出費が生まれるからだ。

　そのため、エク・ソンチャンは一計を案じ、取り付けが最も難しい人物の家から水道メーターを設置しようと決心する。彼は、まず軍人の中でもトップの大物の将軍の家に水道メーターを取り付けることとしたのである。

　「当時ですら約2万7,000件もの接続があり、その1つ1つを個別に説得していたのでは時間がかかり過ぎる。一番大きなところが折れてくれれば、小さなところもついてくるものです。これはマネジメントの1つの考え方で、どこでも似たようなもののはずです。小さなところからやっていたのでは、大きなところは知らんふりするのが落ちなのです。ですから、私はその大物の将軍をまず標的にしました」とエク・ソンチャンは語る。

将軍の家にメーターを取り付ける

　1995年4月、今でも語り草となっている大事件が発生した。エク・ソンチャンは水道局長の威信をかけ、イチかバチかの勝負に出たのである。少し長くなるが、その顛末についてはご本人に語っていただこう。

　「当時のカンボジアは、軍人だけではなくまだみなが銃を持っていて、何か気に食わないことがあればすぐに銃を撃って人を殺すような時代でした。とにかく、私はまずその将軍に文書を送り、水道メーターを取り付けてくれるように頼みました。しかし、将軍の答えはNOでした。

次に、私は水道局の4名の職員を彼の自宅まで行かせました。文書には、『水道メーターを付けないのであれば、水を止める』と書いておきましたので、水を止めさせる作業を彼の家の前で行わせたのです。ところが、職員らはたちどころに、『できませんでした。兵士に取り囲まれてできませんでした』と戻ってきてしまいました。

　もちろん、私だって怖かった。しかし、部下ができないのであれば上司が行くしかありません。それが上に立つものとしての姿勢だからです。そこで、今度は、私が水を止めに行きました。将軍の家の前で土を掘り起こし、水道管を探していると、家から兵士たちが飛び出して来ました。そして取り囲まれて、銃を突きつけられたのです。

　それから、将軍本人も銃を持ってやって来ました。そこで、私は『あなたが法律に従わないので、私は水を止めに来たのです』と言いました。しかし、その時は、結局水を止めさせてはくれませんでした。

　でも、将軍の家に通じる接続は止められませんでしたが、私はその付近の道路に通じる配水管の水をそっくり止めてしまいました。当時は各戸が受水槽を家に持っていて、1日くらいは水が来なくても家に水がなくなることはないので、時間稼ぎができました。次の日になって、将軍らは水が来ていないことに気づくはずなのです。

　武装警察（MP）に依頼し、水道局へ来てもらっていたところ、翌日、やはり将軍は部下を連れてやって来ました。その時MPが、ここから先は公共の場なので銃を持った人は中へは入れない、と、制してくれました。

　当然、将軍は『私に会いたい』と電話してきました。その場から電話をしてきたのですが、私は、『今日は会えません。もし私に会いたいのであれば、平和的に面会をしに来て欲しい』と伝えました。そして『明日はどうですか』と提案したのです。さらに私は、『もし来るのであれば、部下も警護もつれてくる必要はないので、一人で来て欲しい』とも伝えました。そう言えば彼は銃を持たず、部下も連れて来ないだろうと考えたのです。

次の日、将軍は一人でやって来ました。私は彼に説明をし続け、説得をこころみました。最終的には将軍はわかってくれて、水道メーターを取り付けてくれることになりました。そして、書類を作ってそれにサインをしてもらいました。

　せっかくなので、『この出来事をテレビで宣伝させて欲しい』とお願いをしたところ、驚いたことに将軍も了解してくれ、次の日、彼の家に水道メーターを取り付ける様子をテレビで放映することができました。それからです。多くの人々が、『あの将軍でさえも水道メーターを取り付けることに同意したなんて、凄い』ということになって、われわれの仕事がずっと楽になりました」

水道メーターを設置するPPWSAの職員　　写真提供：PPWSA

　当時、エク・ソンチャンの家族も友人もみな本当に心配し、彼が殺されるのではないかと気が気ではなかったという。本人も大変怖かったという。しかし、彼は水道局長であり、「自分がこれをやらなければ他に誰がやるのだ」という決死の覚悟で、頑張ることができたと振り返る。

　その他の有力者たちも将軍同様、なかなか水道メーターを取り付けようとしなかった。しかしエク・ソンチャンは一人一人に直接会いに行き、信念を持って説得し、最終的にはみなに理解をしてもらった。フン・セン首相にも直接会いに行って話をし、メーターを取り付け、支払いをしてもらえるよう説得したという。

いまでも世帯ごとに大切に管理されている水道メーター　写真：筆者

　水道メーターの取り付け作業は粛々と進み、何とか95年一杯までに顧客の5割の取り付け作業を終了した。翌96年には85%まで広げている。こうして、当初は実現不可能と思われたプノンペン市内でも、ようやく正確な使用量に基づく料金徴収が行われるようになったのである。

3年で倍増。料金徴収率97%に

　水道メーターの設置はこうして軌道に乗ったが、PPWSAは内部に大きな欠陥を抱えていた。それは職員のモラル（働く意欲、仕事に対する姿勢）の問題であった。当時は給料が安かったため、職員が料金徴収のためにしっかり働いてくれなかったのだ。

　第1章で触れたように、エク・ソンチャンは対内的には組織の活性化に力を注いだ。やる気のある若手人材を責任ある職務に登用し、新しい組織文化を創り始めていた。その際、彼が人事評価・待遇の基本としたのは能力主義（成果主義）であり、個々人の能力を最大限に発揮させるべく「アメ」と「ムチ」を見事に使い分けた。

　まずは職員教育を徹底させた。料金徴収係に対し、「教育・啓蒙・啓発」を行うべく、毎週必ずミーティングを行い、仕事の意味と重要性を説いていった。

次に、彼は「歩合制」を導入した。当時の徴収係の1カ月の給料は20ドル程度（5～6万リエル）で、とても安かった。これではモチベーションが上がらない。しかし、給料を上げるのもなかなか困難であったため、歩合制を採用したのである。1カ月に1人500メーターを読むとした場合、それができて料金をきちっと徴収できたら、その分のお金を支払うというやり方にしたのである。

「最初は1人500インボイス（請求書）のお金を徴収させて、60%できたらこれだけのボーナス、80%でこれだけのボーナスというやり方をとった。これが効を奏して、みな一生懸命働くようになりました」（エク・ソンチャン）

誇り高きPPWSAの検針・料金徴収担当職員（現在の写真）
写真：筆者

その結果、1993年当時48%であった料金徴収率（請求書発行額に対する料金徴収額の割合）は、96年には7割を超え、97年には97%と倍増したのである。歩合制導入のためにはあらかじめ市長の許可を得る必要があったが、PPWSA公社化の前でもあり、回収したお金が市の財政に入るということで、結果的に市長にも大変喜んでもらえたという。

料金を支払う文化への転換

　料金徴収率の向上の次にやったことは、JICAマスタープランの2つ目の提言でもある「漏水率の削減」であった。プノンペンの場合、これは「盗水対策」と言い換えてもいい。

　配水管の老朽化や不正な接続工事に起因する漏水対策については、その後の日本などの援助機関の支援による配水管の取替えなどが大きく貢献していくのだが、その前に早急に行わなければならなかったのが「盗水対策」であった。つまり、当時のプノンペンでは、盗水が漏水の大きな原因となっていたのである。

　エク・ソンチャンは、盗水をしていた人物に厳重なペナルティーを科した。それが水道局の職員であれば解雇も行った。当時の水道局はまだ公社化される前で、解雇は局長権限ではできないことになっていたが、無理を承知で断行した。

　「当時、PPWSAは内務省の傘下にあるプノンペン市の管轄下にありましたので、内務省による『解雇』の承認が必要でした。でも、それを待っていたらいつになるかわかりません。そんな悠長なことをしていられないので、不正行為の事実が発覚した職員に対しては、解雇も自分の権限であるということにして強行しました。当然ながら、それに対して多くの批判がありました。『凶暴だ、圧政だ』という声も多数ありましたが、そうでもしなければ何も変わらなかったのです」

　と、エク・ソンチャンは当時の苦しい心中を語る。

　一方で、プノンペン市の条例を盾にして、利用者に向けての啓蒙教育を進めていった。プノンペン市から動員された職員も活用し、料金の支払いは利用者の義務であること、料金を支払わないことや盗水行為は公共秩序を乱す重大な違反であること、水道事業は料金を回収できて初めて成り立つ事業であること、などを呼び掛けていったのである。

住民に水道サービスの仕組みを説明するエク・ソンチャン
写真提供：JICA調査団

　水道メーター読み取りに基づく請求書の発行ができるようになってからは、料金支払いのない利用者には再請求の文書が届けられ、呼び出しも行われた。呼び出しにも応じない軍人や有力者などの悪質な違反者には、調査のうえ、罰金を科し、なおも対応がない場合は水道管の切断などの措置を取ったうえで、顔をあわせての協議を行った。

　ただし、経済的理由等からすぐに支払いのできない市民に対しては、一部でも支払いがあれば猶予を与え、水道管の切断などは行わないようにした。1995年からは、市民からの盗水や違法報告への報奨金制度も導入されている。

　市内のあちこちに配水管に勝手に穴を空けて設けられていた「井戸型の受水ピット（パブリック・ウエル）」については、前述の顧客調査の結果、1,945箇所が確認されていた。これらの受水ピットについても、代表者を決めさせて水道メーターを取り付けることから始め、市内の配水管の更新や水圧の回復を待って徐々に撤去していった。

　このようにして、エク・ソンチャンは、「アメ」と「ムチ」をとりまぜながら、「料金を支払わない文化」から「支払う文化」への転換という難題に取り組み、水道局内に新しい規律ある組織文化をつくり、社会との間に新しい関係を築いていったのである。こうした彼の思い切った水道事業改革

を支え続けたのは、みずから登用し教育の機会をもった若手の人材たちであった。

図表2-1　PPWSAの給水接続数、無収水率、料金徴収率の改善動向

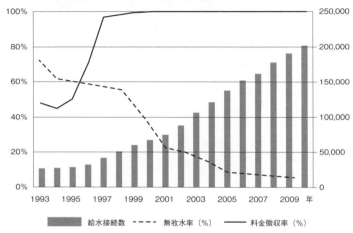

出典：PPWSA資料をもとに筆者作成

水道料金値上げを直談判により勝ちとる

さらに、エク・ソンチャン局長は、3つ目の提言である「水道料金の改定」を実行していく。まず、一律料金を改めて個人向け、法人向けに分けた。そして節水を奨励するために、使用水量が上がるほど料金が高くなる「累進体系の従量制」を導入したのである。

日本人から見ると微々たる値上げではあるのだが、個人向け最低料金は、1カ月15㎥までなら当時の一律月額250リエル（約6セント）／㎥を300リエル（約7セント）／㎥に、100㎥を超えると1,260リエル（約31セント）／㎥に値上げする計画とした。しかし、公共料金の改定はどんな国においても政治的にきわめて機微な問題であり、1996年当時、政治的に不安定なカン

ボジアにおいてはなおさらであった。

　エク・ソンチャンによると、水道使用料の料金改定申請は最初の政府審議で却下されてしまったという。

　「料金改定を検討するための調査をやったうえで、1996年のある日、料金の値上げをしたいことを閣僚会議に諮りました。その日は、ラナリット第1首相（殿下）が会議に出席しており、フン・セン第2首相は出席していませんでした。残念ながら、ラナリット殿下は料金の値上げには反対で、値上げをすべきではないと言いました。またある大臣は、値上げをされたらお金は払えないとも言いました。ところがその大臣は、当時、大型四輪駆動車を5台も所有し乗り回していたのです」

　そこで、エク・ソンチャンは一計を講じる。貧しい人たちの住む地区、特に、バサック川の川向うのミェンチャイ区のチュバーアンパウ地区や、セブンス・ジャニュアリー区のロークソン病院[1]の辺りの人たちのところに行き、2,000～3,000人から「その料金でも水道を引いてもらいたい」という署名（実際には指紋）を必死になって集めたのだ。

　こうして集めた署名を持って、チア・ソパラー副市長に導かれて、ラナリット殿下に会いに行った。雨が降っている晩で、夜の7時頃であった。

　「ラナリット殿下に会って、私は集めた署名を見せながら言いました。『今、国民は、1㎥当たり500リエルどころか、5,000リエルもする水を買って使っているのです。1,000リエルでさえも殿下は高いと仰いましたが、5,000リエルも払っている国民がたくさんいるのです』。それを聞いて、ラナリット殿下は、『えっ、5,000リエル。それは高いなあ。1,000リエルなんて安いじゃないか』と言って、すぐに値上げの文書に署名をしてくれたのです。ラナリット殿下の家を後にし、その足で今度はフン・セン首相の家に向かいました。そして、同様に署名をもらうことができたのです」

1）現在の Preah Kossamak Hospital のこと。

図表2-2　PPWSAの料金改定の変遷表

水道メーターの有無	顧客の種別	水使用量別(㎥)	料金徴収単価	1993年1月~	1993年9月~	1993年11月~	1994年7月~	1997年~2001年	2001年~現在
水道メーターの設置あり	家庭用	0-7	月額(リエル)/㎥	166	166	166	250	300	550
		8-15						300	770
		16-30						620	1,010
		31-50						940	1,010
		51-100						940	1,270
		>100						1,260	1,270
	政府機関・コミュニティ	均一料金						940	1,030
	営業用	0-100		166	515	515	700	940	950
		101-200						1,260	1,150
		201-500						1,580	1,350
		>500						1,900	1,450
水道メーターの設置なし	—	使用量推計による均一料金	推計使用量(ℓ)/日/人	80	80	150	150	—	—

出典：PPWSA資料をもとに筆者作成

　当時の水道事業には多くの政治介入があった。WBや政権中枢からの「水道局の民営化」への圧力もその1つであった。エク・ソンチャンによると、この当時も政府高官と直談判し、改革が進捗してからのほうがずっと資産価値が高くなることを丁寧に説いて、思い留まらせたという。

　このようにして、エク・ソンチャンは、JICAマスタープランの提言のうちの3つを行動指針に据え、みずからの知恵と勇気を結集して初期の改革を推し進めていった。

エク・ソンチャンとゴルフ

　このように、エク・ソンチャンは文字どおり体を張ってPPWSAの改革を断行してきた。彼の辣腕ぶり、論理的思考を確実に実行につなげる勇気と行動力は、日本人関係者を驚嘆させた。

　だからといって彼は、堅物の仕事一辺倒の人間ではなかった。仕事を

離れればよく酒を飲み、休日は大いに趣味を楽しんだ。特にゴルフを愛し、ゴルフを通じて親交を深くした日本人は少なくない。ここで、エク・ソンチャンのもう1つの顔を紹介しよう。

北九州市水道局の久保田和也は、プノンペン水道公社に最初のJICA専門家として派遣された日本人技術者だ。久保田とエク・ソンチャンとの関係を構築するうえで、ゴルフが重要な役割を果たしたという。[2]

「着任後1カ月から1カ月半ぐらいたったある日のことでした。その年（1999年）は、ちょうどカンボジアが東南アジア諸国連合（ASEAN）に加盟した年で、フン・セン首相が、初めてASEANの会議に出席されたと聞いています。[3] その時に、各国首脳でゴルフをやろうということになったのですが、フン・セン首相はゴルフをやったことがなく、『次の会合では一緒にやるから今回は勘弁して欲しい』と言ったそうです。それからです、カンボジアに空前のゴルフブームが沸き起こったのは」

その当時、エク・ソンチャンの趣味はスヌーカー（英国のビリヤード）だけだったが、ある日家で採れたフルーツを片手に久保田の執務室を訪ねてこう言ったという。「久保田さん、確か表敬のときに趣味はゴルフだと言ってましたね。ちょっと教えてくれませんか。これで頼みますよ」と。

それからは、毎日、午後5時に仕事が終わると2人で打ちっ放しの練習場に通った。エク・ソンチャンは遊びでも、やると決めたらとことんやる。毎日欠かさず、打ちっ放しを2週間くらい続けたあと、コースへ出た。しかし彼は途中でギブアップした。熱帯の炎天下である。9ホールを回ると、「久保田さん、もうきつい。あなたたちは先に行ってくれ。自分はもう少し休んでいくから」と音をあげたという。

だが、その後、メキメキと腕を上げていった。とにかく土日も含めて、毎日、夕方はゴルフの練習に時間をさいたのである。ゴルフ好きでは人後に

---

2) 久保田専門家については、第3章を参照。
3) 1999年4月に行われたハノイでのASEAN加盟式典への出席のこと。

落ちない久保田も、彼の熱心さには舌をまいたという。

「教えて2カ月ぐらい経った頃、大体私の技量がわかったのか『久保田さんとは一緒に打ちっ放しへは行くけれど、もう教えなくていいよ。タイ人のレッスンプロをつけるから』と言われました。私の帰任時にはほぼ私と同じくらい、スコア100前後まで上達していたと思います」

エク・ソンチャンの初めてのゴルフコース～久保田専門家(左)とともに
写真：久保田和也

エク・ソンチャン自身が語る。

「私は日本の友人と知り合ってからゴルフを覚えました。私には、北九州市の久保田、㈱クボタ工建の佐藤一仁といったゴルフの先生がいました。しかし、私には彼らと2つの異なる点があったと思います。1つは、私には彼らより練習の時間がたくさんあったこと。朝起きてからスイングの練習をして、それから仕事に行くこともできました。2つ目は、私の性格上、何事もやるからにはきちんと研究をして極めたいのです。研究をしつくしてからプレーをする。多くの方々はゴルフを楽しむためにやっているのでしょうが、私はどうしても極めようとしてしまいます。日本人の皆さんとのゴルフでは、終了後にいつもみなで楽しく一緒に食事をしました。このようなゴルフがあったからこそ、日本の友達が増えていきました」

彼は、ゴルフの前はバトミントン、ペタンク、卓球などをやっていたが、ゴルフをやるようになって他のスポーツはしなくなった。土曜日には朝からゴル

フ場へ行って11時頃に終わり、そのままサウナのスチームに入り、ゴルフの友人らと一緒に昼食をとり、マッサージをやって、午後にはゆっくりするのがそれからの生活リズムとなった。エク・ソンチャンの話に出たもう一人、佐藤がゴルフを通してみたエク・ソンチャンの素顔を語る。

「彼の最初のラウンドは、私も一緒でした。オールドコース（プノンペンで最も古いゴルフコース[4]）で、9ホールが終わったら、もう体力的に無理だとギブアップした。それがかなり悔しかったか、非常に健康に気をつけるようになりました。当時の彼はすごい大酒飲みで、よくウィスキーやブランデーを飲んでいたのが、お酒もほとんど飲まなくなったと思います。タバコもヘビースモーカーでしたが、1日に1本か2本程度に減らしたようです」

佐藤によれば、彼は毎朝5時半から自宅の庭でアプローチの練習をし、お昼にはジムへ通い、夕方にはドライビングレンジで打ちっ放しの練習をしたという。とにかく、時間の許す限りゴルフクラブを握ったのである。

その甲斐あって、半年で佐藤と同じレベルまで上達し、1年後には彼の方がずっとうまくなっていた。「半年から1年でスコア90前後、2〜3年で80台というもの凄い速さで上達しました。特にアプローチが上手でした。それから、非常に論理的で、よく勉強もしていました。どうやれば遠くへ飛ばせ

100を切るくらいに上達した頃のエク・ソンチャンのスイング
写真：久保田和也

4）オールドコースは通称であり、正式名称は、Cambodia Golf & Country Club。

られるのかをインターネットなどで研究もしていた。とにかくよく遊び、よく勉強をしていました」

エク・ソンチャンは、現在、「カンボジアゴルフ協会」の会長をしている。若い人たちにゴルフを普及させようと会長になり、無料でゴルフを子どもたちにも教えている。また、カンボジアのゴルフの発展と若い人たちにゴルフを普及させたいとの思いから、みずからゴルフのドライビングレンジを所有している。

カンボジアのゴルフは、タイなどの近隣諸国に比べ非常に遅れており、また協会の組織自体もしっかりしていないので、エク・ソンチャンはそれをしっかりさせたいとも思っていると言う。そして、時々は、首相杯や副首相杯などを開催して、ネットワークづくりもしているようだ。

日本の協力で初となった水道メーターの供与

JICAのマスタープランに沿って、各国・援助機関による支援も順次進められていた。カンボジアの上水道分野の支援においては、まず、フランスと日本、UNDP（WB資金による）、その後、WB、アジア開発銀行（ADB）が加わってその中心的な役割を担っていった。プノンペン市の上水道分野は、フランスの植民地時代に建設された施設から始まり、独立後はフランスの援助に加え、日本が戦後準賠償により浄水場の改修・拡張などを支援していった。そう考えれば、両国が積極的に援助を開始したことは当然であったかもしれない。

日本は、マスタープラン策定調査時に提言した緊急改修計画に基づき、まず無償資金協力により、1994〜96年にプンプレック浄水場の改修や配水池の新設、送・配水ポンプの新設や高架水槽などの改修を行った。また、引き続き1997〜99年に市の中心部セブンス・ジャニュアリー区等の配水管網の整備を行ったのち、2001〜03年にプンプレック浄水場の拡張（5万㎥／日）と、総額約71億円、3次にわたる無償資金協力を実施した。

マスタープラン策定調査に全体的なアドバイスをする作業監理委員長を務めた眞柄泰基(当時、厚生省国立公衆衛生院水道工学部長)によると、1994年からの日本の無償資金協力において、配水管の更新・拡張に関わる供与設備の中に、水道メーターを含めることができたのは"特筆すべきこと"であった。国際的に、「水道メーター」は顧客側の施設とみることが一般的であり、通常の政府開発援助(ODA)において援助対象に含めることはなかったのである。しかしながら、マスタープランでも提言されているように、料金徴収率の向上や事業の透明性や順法性の基盤となるため、日本の無償資金協力に初めて含まれることとなった。

マスタープラン策定調査および緊急改修計画の策定に携わった東京設計事務所の岩崎克利[5]によると、当時プノンペン市では、家庭用の「水道メーター」を取り付けている世帯はほとんどなく、料金を支払わない住民がいる一方で、不当に高い料金徴収がなされることに不満をもつ住民もいたという。

UNDP／WBプロジェクトが水道料金徴収の促進や会計システムの構築を進めていたこともあって、緊急改修計画に水道メーター3,000個の供与計画が含められることになったという。

「水道メーター」の実際の供与にあたっては、エク・ソンチャン局長の強い要望を受けて、当初計画されていた英国製のメーターから、中国製の安価なメーターに変更するというおまけがついた。岩崎によると、エク・ソンチャンは、設計仕様の説明を聞くと、単価の高い「水道メーター」ではとても住民が負担できないとして、ちょうどWBが中国製の「水道メーター」を導入する予定であったので、より安価な中国製への変更を申し入れてきたとのことである。調査団は、急遽JICAと相談を行い、中国製の「水道

---

[5] 岩崎克利は、1993年の「プノンペン市上水道整備計画調査」(マスタープラン策定調査)では、浄水場計画を担当し、94～96年に行われた無償資金協力(緊急改修計画)では配水管整備を担当。現職は、㈱TECインターナショナル。

メーター」に切り替えることとした。その結果、単価が安くなったので、供与数量は計画の3,000個から1万個に変更されることとなった。

　同様に、1997年から開始された第2次の無償資金協力でも、中国製の「水道メーター」を供与することとなり、供与数量は1万5,000個に変更された。岩崎は、納入予定の製造メーカーの工場（中国寧波市）まで視察に行き、ドイツのメーカーと技術提携をして家庭用の「水道メーター」を製造していること、南米方面まで輸出していることを確認して、品質に問題がないことを確かめたという。

日本の援助に心より感謝したい

　プノンペン市水道局は、1994年12月に最初の更新用水道管が到着した際に、「水道管到着記念集会」（日本政府からカンボジア政府に対する引き渡し式）を開催している。当時のエク・ソンチャンの発言から、援助を糧にした彼の改革への積極姿勢がうかがえる。

　「日本政府は、上水道の第1次援助に約1,000万ドルの巨費を投じています。この資金は古い施設の改良や水道管敷設に使用されるので、地下に埋設される管やバルブは一般の市民の目にふれないかも知れません。しかし、オリンピック競技場の高架水槽から始まった水道本管（口径500mm）の工事は広く市民に知れわたっています。

　給水能力は、現在の5.6万㎥／日から10万㎥／日に改善され、水圧も上昇し、汲み上げポンプを使わなくても、建物の4階ないしは5階まで水道水が届くようになります。今後は、錆だらけの水道管の取り換えも必要となります。

　現在、不法に存在する浅井戸（盗水のための受水ピットを含め約3,000箇所）を整理する予定でいます。いまは、1日に2～3時間しか給水されない地域や、時には1週間も断水してしまう地域もあり、市民には迷惑をかけていますが、浅井戸はまた、料金徴収率向上の妨げにもなっています。

私たちは、これら課題の解決のために努力しなければなりません。これから実施される工事完成後には、近い将来プノンペン市民は清潔な飲料水を享受できるようになるでしょう。

　水道改善事業は、日本からの援助を得て実施しています。市民は今までのように、代償なしに、あるいはきわめて低い料金で水道水を使用できるものと考えてはなりません。料金の回収なしには、水道網の維持はできないからです」（水道関係業界誌『Water & Life』No.412（2000年7月1日発行）に掲載された芳賀秀壽の記事《現地新聞の『クメール・エカラット（独立クメール）』紙（1994年12月26日〜30日付）の報道記事を翻訳したもの》）

水道が開通した地区の住民への説明集会にて
〜エク・ソンチャン局長（右）　　　　　　　　写真提供：PPWSA

　マスタープラン策定における第2次事前調査団長を務めた芳賀秀壽（当時、（財）水道管路技術センター常務理事）は、エク・ソンチャンの自助努力を次のように評価している。

　「（1）日本の援助に対して感謝すべきことを、われわれが考えている以上に市民に理解を求めているし、PRも良くしてくれている。

　（2）水道水ができるまでにはお金がかかるので、水道料金をしっかり払ってくれるように強調している。

　（3）人材育成には相当力を注いでいる。具体的には、規模は小さいものの研修ホールを自費で建設しており、そのホールで漏水防止などに関

するセミナーを開催している。また、国際会議等へも参加し始めている。さらに、JICAや国際厚生事業団（JICWELS[6]）等の日本での研修へも積極的に参加し、ロシア語、フランス語のできる職員に対し英語研修を行っている」（『Water & Life』No.412（2000年7月1日発行）「海外協力／途上国水道の仲間たち／第二回／カンボジアの水道」）

こうして、これらの日本の援助は、マスタープランによって示された短・中・長期の目標と方向性に沿って、順序よく進められ、エク・ソンチャンの初期の改革の進展を支えていった。フランス、WB、ADBなどの他の支

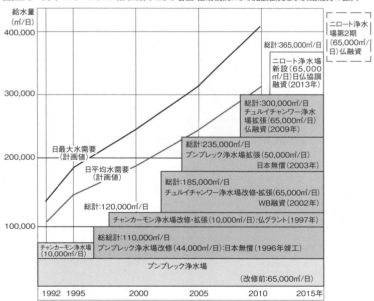

図表2-3　93年マスタープランに沿った日本および各国・援助機関による施設拡充と水供給能力の拡大

出典：PPWSA資料、JICA資料および世界銀行とADBの関連報告書をもとに筆者作成

---

[6] 国際厚生事業団は、厚生労働省の外郭団体であり、国際協力事業を実施し、主に案件発掘、研修等を実施している社団法人である。

図表2-4　93年マスタープランに沿った日本および各国・援助機関によるプノンペン市街地の配水管網の更新と拡充

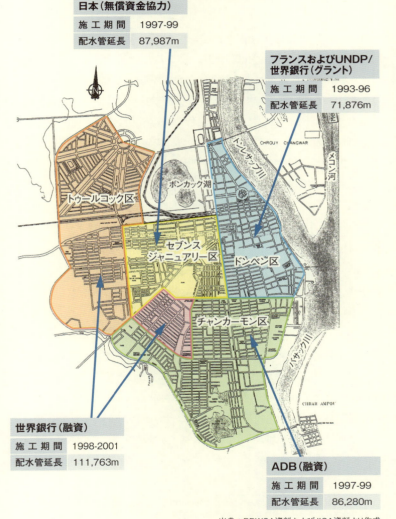

出典：PPWSA資料およびJICA資料より作成

援とも相互補完しあいながら、1999年までには市街地の100％において安定的に給水していくことに貢献していったのである。

マスタープランと日本人技術者から現場で学ぶ

　日本の国際協力の仕方は、他国・援助機関の資金協力とは一線を画している。調査や実施設計段階はもとより、現地での建設施工段階に至るまで、日本からの技術者コンサルタントが現地にはりついて、途上国側の関係者と協働することに大きな特長がある。こうして、単純に資金や物資を供与するのみならず、施工の質や効率を確保するとともに、現地関係者にさまざまな技術や知識の移転が行われるのだ。

　マスタープラン策定調査の頃から、日本人コンサルタントとともに仕事をしてきたのが、ロン・ナロー現副総裁である。エク・ソンチャンが局長となる前の水道局では、技術作業要員として不遇の時代を過ごしたが、Oxfamからの援助を通じて技術を学んできていた。1992年の事前調査の際、調査団からの質問項目に対し水道局から提出されたロン・ナローの署名入りの手書きの説明文書が、いまでもJICAの報告書の中に残されている。

　のちに、ロン・ナローは、「自分には『育ての親』が二人いる」と言うようになる。そのうちの一人が日本から無償資金協力事業のコンサルタント技術者として来ていた丹下孝行である[7]。丹下は、マスタープラン策定調査に加え、1994年以降10年にわたり現地に常駐しており、3次の無償資金協力の基本設計、実施設計、建設工事のすべての過程において、水道事業に関する技術・知識のすべてを、ナローをはじめとする若手職員たちに移転してきたのである。丹下は仕事への取り組みについても、ナローにアドバイスをしていたという。丹下は、水道局の職員にまるで家族のよう

7）丹下は、1993年のマスタープラン策定調査時は、㈱日水コンの一員として、その後94年からは、㈱東京設計事務所の一員として、PPWSAに対する累次の無償資金協力に関わり、最も長くカンボジアに滞在し、PPWSA職員と直接的に関わっていた。

に接してくれたとして、人格的にも好かれていたようである。

交流の始まり〜マスタープラン調査団メンバー（後列中央が丹下孝行、前3列目中央が芳賀秀壽、前2列目右から2人目がロン・ナロー（現PPWSA副総裁）
写真提供：JICA調査団

水圧の大幅な回復を喜ぶ若き日のロン・ナロー副総裁
写真提供：JICA調査団

　ちょうどマスタープランの調査結果が取りまとめられていた1993年9月、プノンペン市の新水道局長にエク・ソンチャンが就任している。前述したように、就任当初のエク・ソンチャンは、上水道分野に関してはまったくの素

人であったため、援助機関であるUNDP、WB、ADB、フランス、そしてJICAの調査団や技術者、専門家らから、あらゆる機会を活用して貪欲に学んでいたのである。

特に、エク・ソンチャン局長にとって非常に幸いだったのは、前述の芳賀が、東京都水道局で退職まで長く勤めあげた筋金入りの水道技術の専門家であり、しかも、70年代からタイ国首都圏水道公社の長期専門家として、また1986年から4年間にわたりタイのJICAの水道技術訓練センタープロジェクトのチーフアドバイザー（リーダー）として、2度の途上国経験（計7年）を有していたことである。

芳賀は、自分のそれまでの経験に基づき、カンボジアの置かれた状況を十分に理解したうえで、マスタープランの策定調査、その後の無償資金協力事業を支えていったのである。

そんな芳賀について、エク・ソンチャンは、自分の師匠だと語っている。

「着任して間もなく、私は東京設計事務所の芳賀さんにお会いしました。実は、彼とは今でもよく交流があります。ちょうどその頃、同社は日水コンと共に、JICAのプノンペン市上水道整備のマスタープランを策定中でした。

このマスタープランは私にとって本当に素晴らしい先生となりました。私が何をしなければならないのか、どこへ向かうべきなのか、また具体的にどのようにすべきなのか、ということをこのマスタープランからすべて学ぶことができたからです。

同じ頃に、フランス人でフェアメッシュさんというサフェージュ社の水道コンサルタントもおりましたが、芳賀さんとフェアメッシュさんの二人は、当時の私にとっては偉大なる師匠でありました」

このように、エク・ソンチャン局長は、プノンペン市の上水道整備の長期計画（マスタープラン）で提示された3つの提言を「改革実施指針」と

し、まずは顧客の把握から始め、「料金を支払わない文化」から「支払う文化」への転換という難題に取り組むことから始めていったのである。そして、硬軟取りまぜながら、水道メーターの設置と水道メーターどおりの水道料金の徴収という基本の励行から、さらには水道料金の改定まで、初期の改革を着実に進めていった。

このプノンペン市水道局（PPWSA）の改革の前期においては、各援助機関の支援による浄水場や配水管網などの施設改修・整備が、相互補完的に、かつタイムリーに実施され、エク・ソンチャンの改革を支えていった。これは、当時のカンボジアの「平和・復興」という緊急性が各援助機関において共有されていたからでもある。その結果、最もコストのかかる設備投資が必要な時期に、プノンペン市街地全体をカバーするような支援が各援助機関からタイムリーに得られたのである。このような各援助機関による継続的な支援は、JICAが策定支援したマスタープランによって、PPWSAが目指すべき目標と方向性が明確に示されることで、共同歩調が確保されていったのである。[8]

エク・ソンチャンは、初期の改革を通じて、PPWSAとしての自立的経営を実現するには、プノンペン市の直接管理下での制約があまりに大きく、スタッフ給与や人事・財政面での自主裁量権の獲得が不可欠であると強く認識していく。そのために彼は、PPWSAの公社化の実現に向けてさらに改革を突き進めていくこととなる。

---

8) PPWSA および日本側関係者双方から、配水管網の仕様の不統一、各浄水場のポンプ圧のバランスの問題、また街路に設置された消火栓の仕様もまちまちであるなど、複数の援助国・機関が部分的に異なる施設設計をしたことによる問題点も指摘もされている。一方で、世界銀行（WB）やアジア開発銀行（ADB）の各融資の事業実施段階において、当初支援を予定していた配水管更新対象地域を、その後の ADB のチャンカーモン浄水場の改修・拡張時期にあわせて迅速に交換しあうなど、全体目標の実現に向けてきわめて柔軟な調整が行われたことも、特記しておくべきであろう。

NOTE 2　　JICAマスタープラン策定までの道のり

　JICAは、プノンペン市の上水道事業の長期整備計画（マスタープラン）策定を支援するため、事前の調査団を2度派遣している。
　第1次事前調査団は、水道分野の国際経験の豊かな眞柄泰基[9]（当時、厚生省国立公衆衛生院水道工学部長）を団長として、1992年8月に約2週間派遣された。第2次事前調査団は、タイでの援助経験を持つ芳賀秀壽[10]（当時、（財）水道管路技術センター常務理事）を団長として、92年10月に約2週間派遣されている。
　これら2度の事前調査では、調査対象地域の現況確認を含む現地調査に基づき、マスタープラン策定調査での調査内容や範囲などをカンボジア側と協議のうえ決定している。また、すでに水道分野の支援を始めていた世界銀行（WB）、国連開発計画（UNDP）、フランスなどの他援助機関との協議や調整も行われた。
　第1次事前調査団長を務めた眞柄は、JICAの上水道整備に関する開発調査の作業監理委員会の委員長でもあった。当時のプノンペン市の率直な印象を聞かれ、「お化け屋敷」のようだったと語っている。
　「空き家がまだまだ一杯あるという感じでした。事前調査の時には、水道、ゴミ、下水を一緒に見てきて欲しいと言われたのですが、ゴミはそこら辺りに散在していましたし、下水道管はポル・ポト時代にコンクリートを流しこんで塞がれていました。各浄水場も同様です。配電盤にはフタがなく、ブレーカーも露出していました。ろ過池には砂が入っていませんでした。

---

9) 眞柄は、長く厚生省国立公衆衛生院に務め、1982年のタイでのカンボジア人難民キャンプの支援経験に加え、「国連国際水供給と衛生の10年（Water Decade: 1981-1990）」やその後の世界水会議（WWC）設立につながる準備会合等において、水衛生分野の各国関係者や主要な国際機関との対話や協力経験が豊富にあった。
10) 芳賀は、マスタープラン策定調査が開始された1993年2月から、東京設計事務所の海外担当取締役として、同調査を始め、一貫してプノンペン上水道整備事業のコンサルタント業務に関わった。2001年からはプンプレック浄水場拡張のための無償資金協力の基本設計調査や施工監理の業務主任も務めた。なお、芳賀は、東京都水道局出身の技術者で、1992年4月および7月に、国際厚生事業団（JICWELS）の調査団員としても、プノンペンを訪問していた。

チュルイ・チャンワー浄水場は廃墟でした」

　眞柄によれば、当時日本が、他の援助機関を抑えてマスタープラン策定調査を実施することになったのは、明石康UNTAC（国際連合カンボジア暫定統治機構）代表の存在や、初めて日本が派遣したPKO（平和維持活動）[11]の活躍が大きかったと言う。

上から90年代初頭のセントラル・マーケット周辺、マスタープラン調査団員が宿泊したダイアモンドホテルの周辺、作業場となったホテルカンボジアーナ　　　　　　　　　　　写真提供：JICA調査団

*

11）1992年9月、日本も初めてのPKO（自衛隊施設部隊と文民警察等からなる「国際連合維持活動」）に参加していた。

第2次事前調査団長を務めた芳賀は、1970年代に東京都水道局から初めてタイにJICA長期専門家として派遣された経験をもつ強者であった。当時のプノンペンの雰囲気などを次のように語る。

　「初めてカンボジアのポチェントン空港に降り立った時、スナップを撮る人たちに向かって係員が大きく手を振っていた。空港は撮影禁止なのである。しかし、街の中は自由だ。それに市内は朝早くから夜10時頃までモーターバイクの多いのにはまったく驚かされる。その合間を縫って真新しい自転車と昔ながらのシクロが行き交い、その混雑の中を白塗りに黒く『UN』のマークを付けたUNTACの車が飛ばしている。

90年代初頭のプノンペン市の街並み　　　　　　　　　　　　　　写真提供：JICA調査団

　その光景は、日本の終戦直後の風景を思い出させる。しかし、皆、懸命に働いているようだ。今後カンボジアがまずUNTACのスケジュールどおり委任統治が終わり、カンボジアの国民自身で一日も早く生活や社会、文化を立て直し平和な日々がくることを心から祈るものである」（1993年1月1日付の『水道産業新聞』所収）

　一連の事前調査の協議において、カンボジア側は、調査団に対し、「プノンペン市民、約68万人の半数以上が水道水の供給を受けておらず、しかも今後の避難民、帰還兵士の流入を考えると、すぐに100万人になるとも言われているため、上水道分野の復旧・拡張は喫緊の課題である」と述べている。

　雨期（5～10月頃）には、電気、水道、通信が遮断することが多く、

プノンペン市のインフラ状況が危機的な状況にあったため、特に、カンボジア側は、プンプレック浄水場の緊急リハビリと本格的なプロジェクトの実現を日本に期待した。

さらに、緊急課題が目白押しであったため、協力をできるだけ短期間で実施してほしいこと、管理・運営のための技術者や専門家を派遣してもらいたいことも要望している。

NGO（Oxfam）から現状をきく調査団員たち　写真提供：JICA調査団

＊

この2度の事前調査の結果を踏まえ、水道システムの改善・拡張のための長期整備計画の策定を目的として、1993年2月より、JICAによる開発調査「プノンペン市上水道整備計画調査」（マスタープラン策定調査）が、（株）東京設計事務所と（株）日水コンの合同調査チームにより開始された。

マスタープラン策定調査の国内での支援監理委員長を務めた眞柄が、当時のマスタープラン策定の考え方を説明する。

「93年のマスタープランの調査範囲は、カンボジアの政治・社会経済の発展の予測が難しかったため、目標年度を2010年までの長期計画とし、95年から5年ごとに需給バランスを見直す計画としました。そして、調査内容には浄水場の施設計画に加え、取水・導水・配水および給水などの管路設備計画、料金徴収等の事務管理部門への提言なども含め、独立採算制の公社として機能することを前提に、組織開発や人材開発なども

実質的に含む内容としました。

　現地ではすでにフランス、WB、UNDPをはじめとする各国・援助機関が水道施設の改善計画に着手していたので、マスタープラン策定調査は、これら他援助機関の援助内容や動向も十分に考慮したものにしようと考えました。

　マスタープラン策定の過程では、当時のプノンペン市水道局（PPWSA）に実質的な検討作業を担える職員がいないことが問題となりました。このため、カンボジア側との意見調整では、策定しようとする計画の内容を理解し、実行に移すための具体的な手法を身につけてもらうよう配慮しました」

　カンボジアでの開発調査は、統計や基礎情報の収集もままならず、治安が悪いなかで粛々と進められていった。

　1993年前半期のカンボジアでは、総選挙（制憲議会議員選挙）に基づく新政権の成立を9月までに実現しようと動いたUNTACに対し、武装したポル・ポト派の妨害工作が続くなど、依然として混乱の中にあった。国外に逃れていたカンボジア難民37万人の帰還も進められており、人口規模を正確に把握することは難しかった。都市計画関連はもとより、水道関連資料も技術者さえも失われた状況にあり、調査団にとっては最悪な条件下での調査となった。

　第2次事前調査団長を務めたあと、1993年より東京設計事務所の海外担当取締役として、本調査を担当していた芳賀によると、このマスタープランの策定に際し、日本からの調査団が参照できた資料は、日本から持参した一部の市内配管図に加え、プンプレック浄水場のポンプ室平面図と配水池構造図のみだったと言う。

　しかも、これらの資料のほとんどは、日本が1959年に、「戦後準賠償」により、チュルイ・チャンワー浄水場を建設した当時の図面であった。1975年に、ポル・ポト派の軍隊がプノンペンに侵攻した際、水道関係者が国外退避や地方へ強制移住させられる前に、市内配管図、プンプレック浄水場やチュルイ・チャンワー浄水場の竣工図等をすべて焼却してしまっていたのだった。

*

総選挙実施を5月に控え、選挙を阻止しようとするポル・ポト派の破壊工作が激しさを増す中で現地調査が始まった。調査団員にはJICA本部から、夕方6時から翌朝7時までは外出を控えるよう指示が出ていた。実際、何が起きてもおかしくない状況が生まれていた。1993年4月には、選挙監視のために派遣されていた日本人監視員中田厚仁氏がコンポントム州で銃弾に倒れている。5月にはバンティアイ・ミェンチャイ州で、ポル・ポト派の襲撃により、日本人文民警察官高田晴行警部補（殉職後警視に昇進）が死亡、4名が重軽傷を負う事件が発生していた。

プンプレック浄水場では頭上を銃弾が飛び交うこともあり、最少の人員で調査や測定作業を進め、施設の配置図、構造図、浄水場内の配管図、水位高低図などの作成を行っていった。浄水場内の流量計はすべて破損していたため測定は不可能で、持参した流量計も管内の錆びのために役立たなかったという。

しだいに、プノンペンにいる調査団員にも銃弾の音が間近に聞こえることが多くなり、団員はJICAから発出される「安全対策注意事項」を遵守しつつ、緊張と警戒の中で黙々と調査を進めていった。調査団を送り出す側にも緊張の度合いが高まっていったが、何とか全員無事に現地調査を終え帰国することができた。

*

1993年11月、最終報告書である「長期整備計画（マスタープラン）」と、既存施設の緊急修復のための「緊急改修計画」の2つがカンボジア政府に提出された。

このマスタープランには、市街地4区および近郊3区の給水区域77.5km²を対象に、給水人口の拡大目標、浄水や給配水施設の整備と給水能力の拡大目標、漏水率の削減や24時間給水など、2010年を目標年とした数値目標が記されていた。また、組織・財務強化、人材育成、独立採算制の必要性など、その後のPPWSAが実際にひとつひとつ達成していった改善目標が詳細に示されていた。ほかにも、配水管網の整備や浄水場施設の建設のための援助の必要性、整備終了後の運転・維持管理技術移転の

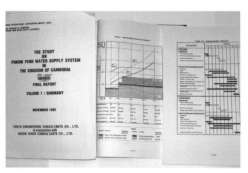

策定されたマスタープラン報告書ならびに緊急改修計画報告書

ための専門家派遣などについても提言されていた。

マスタープランの策定プロセスにおいては、92年の事前調査段階も含め、フランス、UNDP、WB、アジア開発銀行（ADB）などの支援意図を表明している他の国・国際機関との協議や情報交換が密に行われた。各援助機関が関心をもつ協力内容を集約し、日本が行うべきもの、今後さらに必要となる事業等を総合的にとりまとめ、1つのマスタープランに落とし込む作業がなされたのである。

それゆえ、提言されたマスタープランの方向性やその達成に必要なプロジェクトについて、援助機関間の齟齬や重複が生じることはなく、それぞれの援助国・機関の支援プロジェクトが効率的かつ整合性をもって進めていくことができたのである。

定例会議中の調査団員たちと水道局の職員たち
写真提供：JICA調査団

第3章

JICA専門家による技術移転
～北九州市の人材派遣とその成果～

PPWSAの公社化が実現

プノンペン市水道局（PPWSA）の初期の改革では、数々の障害にぶつかりながらも水道事業改革の基礎がつくられた。その立役者となったのが、1993年9月に新水道局長に就任したエク・ソンチャンであった。

エク・ソンチャンはJICAが策定したマスタープラン（プノンペン水道事業の長期整備計画）をガイドラインに、料金徴収率の改善、漏水率の削減と盗水対策、水道料金の改定など、次々と改革を断行し、いずれも赫々たる成果を上げていった。

プノンペン市内の水道事情は急速に改善されていったが、それでも彼は現状に満足することはになかった。というのは、着任したときから認識しており、改革が進むにつれてどんどん膨れ上がっていく思いがあったからである。それが「公社化の実現」であった。

水道局として自立的経営を行うためには、プノンペン市の直接管理の制約から離れる必要がある。特に、スタッフ給与の改定や人事・財政面での自主運営を実現するには、行政から独立した裁量権限の確保、すなわちPPWSAの公社化が不可欠だったのだ。

PPWSAの司令機能の入っているマネジメント棟　　写真：筆者

当時のカンボジアの不安定な政治情勢のなかで、大きな人事・財務上の独立裁量権をもつ公社の設立を提案すること自体かなりの冒険であり、

多くの抵抗があったと推察される。エク・ソンチャンは言う。

「政府は当初、プノンペン市水道局を公社化させたくなかったのです。ところが私は、水道局に入って以来、水道局を発展させるためには公社化して権限を得なければならないとずっと思ってきました。プノンペン市の管轄下にあったのでは何をするにも市の許可が必要で、市の予算を待っていなければならなかった。それでは何もできないのと一緒でした。ただ幸運だったのは、世界銀行（WB）やアジア開発銀行（ADB）からの資金協力において、彼らは水道局を公社化するようにという融資条件をつけてきたのです。それがあったので、私たちは1995年頃から公社化の準備を始めていきました」

水道料金の改定を前提に、コスト回収の実現可能性が高まったことで、WBやADBからの融資の実施が確実になった。これが大きな後押しになった。

「これらの援助機関からの融資条件をうまく活用しようと考えたのです。また、関係閣僚に個別に会い、理解が得られるよう努力しました。閣僚会議において何度も話し合いをした結果、ようやく96年12月、『プノンペン水道公社設置法令（政令52号）』の発布にこぎつけることができました」

エク・ソンチャンの、政界のトップも含めた関係閣僚への累次の説得工作を経て、ようやく、政府も公社化に向け重い腰を上げたのである。

実際の水道公社としての「理事会」の立ち上げは97年7月まで待たねばならなかった。93年の総選挙で議席を2分したフンシンペック党と、フン・セン率いる人民党とが閣僚ポストを二重に配置しあうという拮抗関係にあり、内務省からの理事人選に半年を要してしまったためである。

「理事会の人選は内務省で停滞してしまったのです。ソー・ケーン副首相兼内務大臣は、フンシンペック党のユー・ホックリー氏を通じて党内の取りまとめをお願いしていたのですが、なかなか進捗が見られません。私はその内務省からたった一人の任命をお願いするためだけに、ソー・ケー

ン副首相やユー・ホックリー氏に何度も会い、お願いをし続けました。そして、ようやく97年6月にその任命が実現できたのです」

若手技術職員を要職に登用

　「プノンペン市水道局（PPWSA）」は、1996年12月に、新生カンボジアでは初めてとなる公社化法令を受け、実質的には97年7月より、プノンペン市直営の水道局から、念願の人事・財務上の独立裁量権をもつ「プノンペン水道公社（PPWSA）」として、新たなスタートを切ることとなった。

　当時のプノンペン水道公社理事会の理事は、7名（①プノンペン市代表（市長）、②経済財務省代表、③内務省代表、④公共事業運輸省代表、⑤鉱工業エネルギー省代表、⑥PPWSA職員代表、⑦PPWSA総裁）で構成されていた。そして、エク・ソンチャンは、プノンペン市水道局長から独立公営事業体であるプノンペン水道公社総裁となった。

　公社化にともない組織再編が行われ、PPWSAの各部門は、技術・事業部、浄水・配水部、営業部、総務・人事部、会計・財務部というように、機能別に再構築された。また、部長、副部長などの要職には若手技術職員たちが登用された。幹部クラスには権限とともにインセンティブが与えられたことで、彼らのやる気に火がついた。外国からの援助も本格化し、24時間体制でがむしゃらに工事現場に取り組んでいた様子を、ロン・ナロー現副総裁が語る。

　「私は技術・事業部の部長に任命されました。確かに地位は高くなりましたが、実際には何でもやっていました。当時は、それぞれの援助プロジェクトを成功させたいという思いがとても強く、24時間体制で何かあればすぐに対応していました。各援助機関からの支援に是が非でも応えなければならないと思っていたのです」

　1997年当時、日本の援助によるプンプレック浄水場の改修が終わり、ADB融資によって配水本管を入れる工事が行われていた。ロン・ナロー

は、工事の発注から外国との折衝、国内の調整まで幅広く担当した。

「仕事はどんどん増えましたが、その後、幹部クラスにもインセンティブが与えられ、権限も与えてもらいました。リーダーシップについても学ぶことができ、部下が信頼してくれるようになりました。しかし、まだまだ当時はとても大変でした。毎日のように大きな配水管の中に入って水浸しになって働いていました」

妻が持ってきてくれたご飯を配水管の中で食べたこともあったが、そんな状態でも若い彼らはくじけなかった。上司が自分たちを信頼してくれ、インセンティブを設けてくれたことも大きかった。

「兄弟あるいは家族のような雰囲気で仕事ができたので、家族のように信頼し合い、尊敬し合うことがでました。エク・ソンチャン総裁がそのような雰囲気を作り、家族同様に扱ってくれたのです」

なお、98年の総選挙をにらみ、96年頃からフンシンペック党と人民党の両党間の確執が表面化し、97年7月5～6日には大規模な武力衝突が生じ、ラナリット第一首相（殿下）が、結果的には国外から戻れない事態へと展開していった。

8年間連続給与アップを宣言

公社化された1997年のある日、エク・ソンチャン総裁はスタッフ全員を集め、自分のもとでさらなる改革に共同して臨んでくれれば、「給与を8年間連続して上げ続ける」ことを宣言した。よほどの自信がなければこんな約束はできない。そのときの思いを、エク・ソンチャンは次のように語る。

「みなを集めて言いました。『もし水道公社の年間収入が良くなり利益が上がれば、私は、みなの給料を上げることを約束する。しかも8年間にわたって上げ、民間企業並みの給与にすることも約束する』と。オートバイで通うような給料だけでは、誰もきちんとした仕事はできません。私には確信がありました。100％保証できると言ったのは、"もしみなが一生懸命

働いて年間の収入・利益が上がれば"という条件をつけたからです。だから、みなで頑張ろうという意味を込めたつもりです。もちろん、リスクという面では、理事の中には確かにネガティブな人もいました。でも、理事会の中で一番発言力があったのは私でしたので、何とか抑えることができました」

8年間という設定にも意味があった。もともと彼は、総裁を長く務めるべきではないと思っていた。長くいるとどうしても独善的になり良くないと考えていたのである。また、民間企業並みの給料としたのは、人々の生活水準と同じで、それだけあれば生きていける金額であろうと考えたからだった。実際に今も、公務員の基本給与ではとても生計が立たない。これがカンボジアの現状である。

その甲斐もあってPPWSAは、公社化直後よりわずかだが黒字転換が定着し始めた。1999年には24時間漏水監視・補修体制が軌道に乗った。水道メーター設置と配水管網更新により、93年には72%もあった無収水率が96年には60%を切り、99年には50%を下回るようになった。2001年の料金再改定以降は、予定されていた3回目の改定を行うことなく、安定的なコスト回収を実現していった。そして、7年目には約束どおり、民間並みの給料を達成したのである。

「水道料金を上げずに、自分たちが努力して、それを実現できたことを誇りに思う」とエク・ソンチャンは嬉しそうに語る。

2005年になると無収水率はついに一桁となり、市街地の給水普及率、料金徴収率ともにほぼ100%を達成していく。

エク・ソンチャン総裁と苦楽をともにしてきた技術幹部の一人であるクット・ブッチャリット元副総裁[1]は語る。

「給与アップがインセンティブになったのは確かです。しかし、中には8

---

1) 1993年当時、28歳。当初、技術課のスタッフ。公社化後の1998年に課長へ昇進。2003年3月、浄水・配水部長となり、2011年12月、PPWSAの副総裁(人事・総務担当)に就任。2014年2月よりシェムリアップ水道公社(SRWSA)総裁。

年も待てないと辞めていく人もいた。でも、そのような人は少数で、彼を信じていた人のほうが多く、みな努力して仕事を続けました」

こうして、若手幹部たちがエク・ソンチャンと一丸となって改革にまい進する体制が整ったのである。

北九州市の久保田に白羽の矢が

プノンペン水道公社の改革が本格化し、浄水・配水施設の整備も着々と進む中、日本では水道公社への短期専門家の派遣に向けた動きが始まっていた。白羽の矢が立てられたのが、のちにエク・ソンチャンにゴルフを教えることになる北九州市在住のエンジニア、久保田和也であった。

北九州市は、1991年より、JICAのインドネシアの水道環境衛生訓練センタープロジェクトに対し、管路・維持管理分野の長期専門家を派遣していた。同専門家を補佐する短期専門家として、92年1月より3カ月間現地に派遣され、途上国で指導するという試練を体験したのが、若き日の久保田である。北九州市はその後、水道公社と長い付き合いをすることとなるが、この久保田こそ同市が派遣した最初の技術協力専門家であった。

インドネシアから帰国後、久保田は海外からの研修員の受け入れも担当することとなる。当時、北九州市にはJICAの九州国際センターが開設され、世界各国からの研修員受入れ業務が始まったところであった。水道分野については北九州市水道局が研修を実施することとなった。当時の北九州市には久保田以外に開発途上国での経験をもつ者がおらず、受入れの対応をせざるを得なくなった。

久保田は、本業とは別に研修員用のテキスト作りから始め、研修員の受入れ業務を毎年担当していくこととなる。具体的には、北九州市のマニュアルを英語に翻訳したものをインドネシアでの指導に使っていたので、それをベースとして帰国後にテキストを作成していった。また開発途上国からの研修員の受入れ業務を毎年実施しながら、その他の研修モジュール

についてもテキストを作成していった。

久保田自身にとっても、北九州市にとっても、このインドネシアのプロジェクトとの関わりが大きな転換点になった。

1998年12月のある日、久保田は上司の担当部長である森一政[2]より、カンボジア派遣を突然打診されたという。

「森部長に呼ばれ、『カンボジアに行ってくれないか』と言われました。『一晩、家族と相談させてください』と言いましたら、厚生労働省から返事を急がされているので、『即答せい』とにらまれてしまって。カンボジアより森部長の目のほうが怖かったものですから、『行きましょう』ということになってしまった」

久保田、35歳の冬のことであった。

当時の森は99年頃、ちょうど北九州市では水源開発などが一段落し、将来的に水源開発や新規の浄水場開発などに携われる人材が、不足するかもしれないという危機意識を抱いていた。もし開発途上国に行かせることができれば、そのような機会も豊富にあり、北九州市の若手人材も必ず大きく育ってくれるに違いないと漠然と考えていたのである。このような森の危機意識こそが、その後の北九州市によるカンボジアへの長い協力へとつながっていく。

施設はできても、動かせる人間がいない

1999年4月8日、久保田はJICAの技術協力専門家として、プノンペンに6カ月間の任期で赴任した。「アジアの最果てに来たような感じがした」と述懐しているように、カンボジアと水道公社に対する第一印象はきわめて悪かったようだ。それが改善されるまでにはしばらく時間がかかったという。水道公社に初めて表敬した時のやりとりを、久保田が語ってくれた。

---

2) 2002年より水道局長となり、現在、北九州市海外ビジネス推進協議会副会長。

「私の指導科目は、水道施設の維持管理という漠然とした全分野でした。水道公社では、浄水場や配水管などの改修・整備の目途がついていたのですが、それらの施設を動かす人間が誰もいなかった。どうにかしたいので、水道施設全般の運転と維持管理を指導して欲しいということでした」

最初の表敬で、久保田はエク・ソンチャンに面会している。印象は非常に良かったようだ。総裁は久保田に会うやいなや、「あなたがJICAの専門家ですか。ようやく願いがかないました。専門家要請は幾度となくJICAに提出していたのですが、やっとこれで願いがかないました。来てくれて本当にありがとう」と言ったという。久保田が好印象をもつのも当然だ。

さらに、エク・ソンチャンは続けた。

「久保田さん、うちの施設は昔ボロボロだったけれども、各国や各援助機関の支援でどうにか再構築されようとしているのです。しかしながら、これができ上がったときに、これを動かす人間が育っていないのです。ぜひ、日本の技術を私たちの部下に伝えて欲しい」と。思いのこもった言葉に、久保田も「喜んで」と答えた。

久保田が技術を伝えるべき相手は、ロン・ナローであった。当時彼は技術・事業部長で、猛烈に多忙であった。それもそのはずで、当時は、東京設計事務所などの日本の無償援助のコンサルタントに加え、ADBのコンサルタントなどが多数入っており、その調整と対応を一手に引き受けていたので水道公社の職員の中でも最も忙しい人物だったのだ。実際、無償援助などのプロジェクトによってあちこちで工事が行われており、日本人による技術指導を受けるところまで手がまわらなかったのだ。

ロン・ナロー部長室の隣に机とエアコンのある個室をあてがわれてはいたものの、しばらくは誰も近寄って来なかった。日本から初めてJICA専門家がやって来ても、対応する人間をつけることが難しかったのである。

「俺を一人にしておいて、本当にいいのか」──このような状態が1カ

月弱も続くと、さすがに久保田もいらだちを隠せなかった。これが、赴任直後の状況であったため、カンボジアに対する印象も、赴任先である水道公社に対する印象も、良かろうはずがなかったのである。

久保田を見る目が変わった

このように悶々とする日々が続いていた久保田にも、ようやく打開の糸口が見えてくる。ある日、ロン・ナロー部長が日本の無償援助で供与された機材を持って部屋にやって来た。それは、流量を測る『超音波流量計』だった。ロン・ナローは言った。

「久保田さん、これには英語のマニュアルが付いていて、用途は知っています。配水管を切断せずに管の外側から測れる流量計で、非常に重宝な道具だということも知っています。しかし、これを部下に使わせようとマニュアルを読んでみるように言っても、残念ながら誰も使えません。あなたはこれを使えますか」

超音波流量計くらい使ったことがある。しかもよくよく見るとそれは、北九州市で使用しているものと同じ型だった。久保田がマニュアルを見るまでもなくすぐにやってみせ、測定値をはじき出すと、ナロー部長は「すごい！」と言い、何人かの部下の名前をあげていろんなことを教えてやって欲しい

超音波流量計の計測指導を行う久保田専門家(左) 写真：久保田和也

と頼まれたという。

　実は、ロン・ナローは、1993年のマスタープラン策定時より関わり、94年からは東京設計事務所のコンサルタントとして常駐していた丹下孝行の『弟子』であった。丹下は時間の許す限り水道分野に関する技術講習を行い、PPWSAの職員から"ミスター技術"と呼ばれていた。水道公社には丹下から学んだ者がたくさんいて、ナローはその中の筆頭格であったのだ（第2章参照）。

　ナロー部長は若くしてトントン拍子に偉くなったこともあり、技術的にも自分がトップだと自負しているふしがあり、久保田には何らかのライバル心を抱いていたかもしれない。ナローがランダムに持ってきたものをスラスラと説明し、使うことができたことで、久保田はいっぺんに認められた。以来、彼の部下の数名が執務室に常駐するようになり、維持管理の技術移転が始まったのである。久保田は語る。

　「その当時の水道公社の技術レベルはかなりひどいものでした。多分、水理計算ができるものは一人もいなかったですし、またパイプの口径計算をできる者も一人もいなかったと思います。ナロー部長が最低レベルの技術をもっているかなというくらいで、その他は全然駄目でしたね」

　このような中で、久保田への信頼をさらに高めるような出来事が起きた。前述したように、得意のゴルフで、エク・ソンチャン総裁との太いパイプを築くことに成功したのである。関わりができたのは着任後1カ月半ぐらいたった頃で、ゴルフを是非教えて欲しいとエク・ソンチャンに頼まれ、それからは勤務終了後に毎日のように一緒に打ちっ放しの練習場へ出かけた。

　「このことが周りに与える影響は絶大なものでした。なぜなら、その当時のエク・ソンチャン総裁は、水道公社において神様みたいな存在です。日本の役所でいうと、課長権限、部長権限、局長権限のすべてを一人で握っているようなものでした。実際、水道公社では、部長といっても日本の係長以下の権限しか持っていませんでした。エク・ソンチャン総裁はカリ

スマ性を持った人間でしたから、彼と私がいつも一緒に行動をしているということで、周りの見る目がガラッと変わったのです。彼にアピールするのであれば、久保田経由もあり得るなということですかね。自分はこういうことを考え、こういうことがやりたいと、積極的にアピールする職員が一挙に増えました。久保田から学んだ方が良さそうだという雰囲気もできていったと思います」

「盗水」を放置するから「漏水」も増える

　久保田がプノンペンに赴任した頃、水道公社では、日本を含めて各援助機関の支援により、市内水道施設のほとんど全部を入れ替えるような大工事が続いていた。「この工事が終われば浄水場も配水管も全部新品となるため、漏水管理は当面必要なくなるかもしれない」と久保田は考えた。新車を購入しておいてメンテナンス（維持管理）といっても、誰も本気で学ぶ気がしないのと同様である。

　いま必要なのは、漏水防止のための技術ではなく、今のいい状態を「自己診断できる技術」だ。すなわち、悪くなっているのか、まだいい状態を保持しているのか、それを「自己診断できる技術」であるはずだ。

　そこで久保田は、自分が長年関わってきた「テレメーターシステム（配水ブロックデータ監視システム）」が、将来的に水道公社にも役立つのではないかと考えたという。北九州市ではテレメーターシステムの担当部署にいたこともあり、中古品がもうすぐ出ることも知っていた。久保田は早速上司の森部長へ国際電話をかけ、中古となるテレメーターをこっちへ持ってきて使わせてもらえないか、とかけあった。しかし残念ながら、その時には良い返事をもらえなかった。電話ではよくわからないし、北九州市でも使い道が決まっているので、そう簡単には決められない。一度帰ってこいと言われ、久保田は結局、その案を持って帰国の途についた。

　実は、その電話の時に森部長はこうも言っている。「供与するかしない

かは、自分がエク・ソンチャン総裁の目を見てから決めたい」と。エク・ソンチャンの総裁としての姿勢、つまり信ずるに値する人物かどうかを、森は自分の目で見て確かめたかったのだ。

当時、コーヒー色の水シャワーばかりを浴びるのが嫌だった久保田は、エク・ソンチャン総裁とこんな会話を交わしたことがあった。

「総裁、水質の向上をやりましょうよ」「何を言っているのですか。プノンペンは日本と違い、川から遠くに住む人々の多くは、その子女が水くみ労働に従事しているのです。私たちの役目としては、この水くみ労働からの解放、これが第一優先です。残念ながら、日本のような蛇口で飲める水は後回しにせざるを得ません」

そのあとに、こうつけ加えた。

「でも漏水は減らしたい。新車の状態では漏水はゼロなのだから、このいい状態を保つような努力を続けていきたい。これも第一優先だよ」

問題は、当時もまだ「盗水」にあったのだ。地中の配水管を素人がプチンと切って、ここに分岐を設けて各戸へ水を勝手に持っていく。すると、この水は水道メーターを通らないのでタダになる。盗水だけでも水道公社には痛いが、素人の工事なので直後から漏水が発生し始めるのである。

盗水を放置すれば、同時に漏水も一緒に起こってしまう。だから、新車のようないい状態でも、漏水が爆発的に増えていくのだ。

しかし、どこの地区でどれだけ起きるかは、データがないともちろんわからない。盗水は地中を掘って目で確認するしかない。しかも、一件一件。そのために、この盗水を防ぐためにテレメーターシステムの導入が必要であることは確実だった。

久保田は、プノンペン市でみずから調査をしてみて気づいた。盗水はしないところでは誰もせず、しているところでは軒並みやっている。みなでやれば怖くないというかたちだったのである。家計費節約の1つの手段としてやっていて、それが軒並みとなり、その地域から同心円状にパーッと広

がっていく。隣りがしているなら、わが家もというかたちで広がっていったのである。

　水道公社での半年に及ぶ技術指導を終えた久保田は、赴任した当初とはだいぶ異なる印象をもつに至った。
　「水道公社では、午後5時に帰るのは下の職員だけでした。課長、部長クラスは夜の7時、8時まで普通に仕事をしていました。そのような観点でいうと、カンボジアは以前派遣されたインドネシアとは全然違うなと思いました。能力は別としても、仕事に向かう姿勢は本当に素晴らしかった。私は、派遣されたのが水道公社で本当に良かったと思っています。彼らの勤勉さは際立っていたし、やはり、それはエク・ソンチャン総裁のマネジメントからきたものだと」[3]

テレメーターシステム導入を決断
　久保田は、帰国前に総裁から直々に派遣期間の延長要請を受けたものの、予定どおり6カ月間で任期を終了させて帰国している。[4] そして、久保田が帰国して余り時が経たないうちに、なんとエク・ソンチャンみずからが北九州市を訪ねてきたのである。2000年1月の出来事であった。久保田にとっても予想外のことであった。
　「まさか彼が本当に来るとは思っていませんでした。当時、総裁は、無償資金協力案件の入札立ち会いかなにかで東京に来たようです」
　エク・ソンチャンは北九州市役所の水道局を訪れ、当時の水道局長であった矢野浩に対してこう懇願した。
　「プノンペン水道公社は長年の要望がかなって、初めて日本人の専門

---
[3] 筆者の経験からすれば、現在でも、カンボジアの実施機関において、水道公社の職員ほどの勤勉さで仕事をしている機関はほとんどないと言っても過言ではない。
[4] 水道公社には、久保田と入れ替わりに、大阪府水道部から短期専門家(1999年9月～2000年3月、機械設備)が派遣された。

家を派遣してもらうことができました、しかしわずか6カ月間でした。これだけの短い期間では水道公社の人材を育てることはできません。是非、継続的な支援をお願いしたい」と。

矢野水道局長の配慮で彼は当時の末吉興一北九州市長にも会い、同じようにお願いしたという。エク・ソンチャンはこの北九州市訪問で、遠隔操作により漏水状況を探知することのできるテレメーターシステム（配水ブロックデータ監視システム）の機能をしっかりと確認し、プノンペン水道公社の漏水対策の一環としてこれを導入することを決意した。エク・ソンチャン当人がその経緯を語る。

「北九州市で実際にテレメーターシステムの運用を見て、とても感銘を受け、水道公社にとって利益があるものだと確信しました。その時とても欲しくなったのですが、どうすれば良いのかまったくわかりませんでした。でも、北九州市では古い設備を新しいものに交換をする予定だというお話を聞いて、私からその古くなったテレメーターを下さいとお願いしたのです。その結果、北九州市はJICAにさらなる協力の申請をしてくれることとなりました」

帰国してから、このことは大きな問題となった。なぜなら当時、水道公社も付随する機材整備や設置のための経費として20万ドル（約1,500万円）を投入しなければならなかったからだ。理事会では、この20万ドルを投入すべきかどうか、激しい議論となった。理事たちは誰一人そのテレメーターシステムを実際には見ていなかったので、漏水対策の決め手となるといってもとても信じられなかったようだ。しかし、最終的には、エク・ソンチャンが全員を説得してしまったのである。

JICA小規模開発パートナー事業がスタート

エク・ソンチャン総裁の真剣な申し出を受け、また彼が十分に「信ずるに値する人物」との確証を得たため、北九州市は水道公社への中古テレ

メーター供与の具体的な検討を始めた。

そのために、2000年5月から9カ月間、JICAの水道施設維持管理（電気設備）の専門家として、上田哲也を水道公社へ派遣。テレメーター1台を使って、プノンペン市内の電話線や通信状況でも北九州市同様のデータ通信が可能か否か、調査を実施している。

そして、プノンペン市でも通信状態が良好であるという感触をつかみ、2001年JICAに対し、当時の地方自治体としては初めてとなる「小規模開発パートナー事業」（草の根技術協力）への提案書を提出した。

当初JICAは、テレメーターシステムがかなりハイテク技術であったため、水道公社には使いこなせないのではないかと難色を示した。しかし、北九州市が中古テレメーターの無償提供を前提として実施することでもあり、最終的に2001年の採択案件として決定した。ただその協力期間は、2001年8月から翌年の3月末までいう非常に限られたものであった。

この小規模開発パートナー事業は、全体の監視用パソコンに加え、現場の路上局の中核となるテレメーターを機材供与し、テレメーターシステムを機能させようというものであった。パソコンの購入費用やそれら機材の輸送費、専門家の派遣経費などの約1,500万円については、JICAが支援することとなった。

また、水道公社側でも、これら以外の機材の購入や設置などに必要な経費として、さらに約1,500万円（20万ドル相当）を自己負担することを決定し、小規模開発パートナー事業は、日本・カンボジアの協働による事業となった。

当時、プノンペン市内の配水本管の敷設については、ADBが支援をしており、ちょうどタイミングも合ったため、ADB担当のチャンカーモン区については、あらかじめ依頼して電気信号を出せるメーターを取り付けてもらうことができた。

このメーターは、かなり大きな水道メーター（流量計）であり、配水管

網の中の区分けされた部分(ブロック)の入り口には大きな歯車式のメーターが設置された。そこを水が流れると、この大きな歯車が回り、流量計のカウンターで何回回ったか計測できる。そのカウンターから出された電気信号が、その真上に設置された路上局のテレメーターへと送られる。そこからは電話線網を通じて中央の監視装置(監視用パソコン)へと伝えられ、これが流量データとして記録されるのだ。この一連のシステムが、北九州市によって独自に開発されたテレメーターシステム(配水ブロックデータ監視システム)と呼ばれるものである[5]。

つまり、配水管網の全体を幾つかに区分け(ブロック化)し、その区分けしたそれぞれの入り口に流量計(メーター)をつけて、計測した流量データを、電話回線を使って集めるというシステムなのである。どこかのブロックで通常と違う動きをした場合には、その区分けしたうちのここがおかしいということが判断できるようになり、これで漏水が監視できるのである。

図表3-1 テレメーターシステムと中央監視装置との関係図

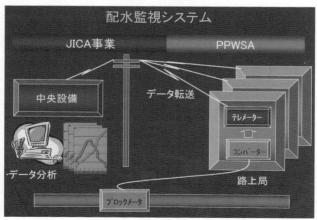

出典:久保田氏資料

---

5) このテレメーターシステムは、他都市にはない北九州市独自のシステムであり、かなり厳密に流量監視を行えるものであるとのこと。

このように、テレメーターシステム導入のための調査や導入に際しての技術指導は、JICAを通じて北九州市の専門家らによって行われ、北九州市とプノンペン水道公社との密な協働関係による事業がスタートした。

2人の電気技術者が参画

開始された小規模開発パートナー事業では、北九州市の森がプロジェクト・マネジャー（実施責任者）に、久保田がプロジェクト・コーディネーター（調整員）となり、2001年9月に2人で現地を訪問した。

この時、久保田は、主に水道公社とのその後の段取りのための打ち合わせを行っており、また信頼できる電気技術者として、以前から一緒に仕事をしてきていた木山聡を連れていった。[6] 木山は、北九州市において久保田とともにテレメーターシステムを設計した担当者であり、この小規模開発パートナー事業の専門家としてはまさに適任だった。木山はその後、カンボジアの上水道プロジェクトに北九州市で誰よりも長く関わる専門家となっていく。

彼にとってはこれが初めてカンボジア訪問となったが、2001年10月に1カ月間、2002年2月に1カ月間と2回派遣されている。

当時の北九州市でなぜ中古テレメーターが出てきたのか。実は、北九州市は漏水が多くならざるを得ない地形をしているため、1990年頃からテレメーターシステムを導入してきた。当然ながらシステム更新をする必要があり、その担当が久保田と木山だったのだ。木山が言う。

「1996年に大渇水があり、バルブの開け閉めで断水をしなければならない時に、急遽、簡易的に測定できる装置（簡易システム）を入れることになりました。そのシステム設計を担当したのが私です。99年から2000年にかけて、今度は本格的なシステム導入となり、その設計をまた私がやり、

---

[6] 小規模開発パートナー事業とは別に、同じタイミングで、北九州市からは上水道分野維持管理として短期専門家（2001年6月〜12月、楠田重勝）も派遣されている。

2001年からシステムが導入されました。

つまり、2001年時点では96年に入れた簡易システムで利用したテレメーターがもう使われなくなっており、それをカンボジアへどうぞとなったのです。確か41台でした」

この小規模開発パートナー事業には、北九州市からもう一人、専門家が派遣された。高山一生[7]である。彼も木山と同様電気技術者であり、なかなか進まないテレメーター関連設備設置の応援のため、2002年2月に駆けつけたのである。

開発途上国のように衛生的でないところは苦手だったという高山は、頻繁にお腹を壊しながらも頑張っていた。その高山が、当時の水道公社職員の技術レベルについて語ってくれた。

「技術と技能に分けた場合、技能は多少あるように感じましたが、技術となると残念ながら理論的な裏付けがないように感じました。自分たちでいろいろなことをやってはいたのですが、自己流の域を出なかった。『自分たちはこうやってきたのだから、これでいいのだ』と、すべてがこんな具合で

テレメーターシステム設置を指導する日本人専門家
写真提供：JICAプロジェクト

---

7) 高山は、その後開始された技術協力プロジェクトのフェーズ1（第4章参照）でも、2003年12月から4カ月間派遣されており、また、フェーズ2でも、2008年1月から2カ月半と同年6月から半年間の2回派遣され、3回目は、2010年12月から4カ月間派遣されている。

す。正しいところもあれば、間違っているところも結構ありました。技術の部分を理論的に教えてあげる必要があるなと思いました」

　高山の応援のための任期はわずか3週間。この間にできるだけの努力を尽くしたが、テレメーターの設置計画は進まなかった。高山が振り返る。

　「41ブロックに分けて、それぞれのブロック毎にテレメーターを設置していく計画でしたが、設置できたのは確か4〜5箇所ぐらいで思うように進みませんでした。なぜかというと、もちろん水道公社職員の電気的技術レベルの低さもありましたが、それよりも公社側で準備すべき資機材の調達の遅れが大きな原因でした。テレメーターから信号を送るためには、テレメーター以外のさまざまな周辺機器が必要なのですが、それらの資機材が全然そろわなかったのです」

　もう1つの原因は、電力会社や電話会社の対応の遅さにあった。テレメーターの入っている路上局は、通常、公共の歩道上などに設置される。そこに電気を引いたり、電話回線を引いたりしなければならないのだが、肝心の電力会社や電話会社がすみやかに対応してくれなかったのである。

　「設置できなかった残りの部分は、後続して派遣された菊地（克俊）が対応してくれましたし、自分自身も2003年10月に始まったJICA技術協力プロジェクト（フェーズ1）の最初の4カ月間で設置していきました。全部を設置することはできませんでしたが、ほとんどの場所は終わったので、残った部分は自分たちで設置するよう指導しました」

　このように、小規模開発パートナー事業の協力期間が限定的であったうえに、カンボジア側の対応部分の遅れもあり、本格的なテレメーターの設置やテレメーターシステムの原理や理論の指導は、そのあとの協力に委ねられることとなった。

さらに遅れたテレメーターシステムの設置

　JICAは、テレメーターの設置指導などを継続するために、北九州市に

再度、専門家の短期派遣を依頼した。そこで派遣されたのが、電気技術者である菊地克俊であった。菊地は、2002年7月から結果的に2003年3月末まで、短期専門家として派遣されている。

彼の仕事は、ADBが設置した以外の地区の配水管網にメーター(流量計)を設置することだった。また、道路脇の地上局に「計測盤」を設置する工事も併せて行う予定だった。しかし、菊地が設計し、マレーシアの工場へ発注した計測盤の納期がほとんど守られない。計測盤の調達は水道公社側の責任である。菊地はマレーシアの工場に「これでは納期に間に合わん」と何度もかけあったが、効果はなかった。

結局「計測盤」が届いたのは、菊地の任期の最後の最後であった。菊地は、帰国前のギリギリまで路上での工事に立ち会い、何とか指導ができたのは3〜4台だったという。

当時の水道公社の担当者は、浄水・配水部の電気課長だったセク・サムアン(現在、浄水・配水部の浄水担当副部長)だった。やむを得ず、「計測盤」の設置方法を技術指導し、残りをセク・サムアンに頼み、できるだけ水道公社の職員で設置してもらうことにしたのである。

遅れた理由には、もう1つ大きな理由があった。それは、2003年1月29日に起きたプノンペンの暴動事件である(章末NOTE 3を参照)。この間、1カ月程度、国外退避となり、菊地は一時帰国をしている。それも大きな遅れの原因となった。

テレメーターシステムの原理や理論をしっかりと伝えるために、JICAは北九州市と相談し、カンボジア向けのテレメーターシステムの研修を実施した。そして、2003年の4〜5月に、プノンペン水道公社の職員4名を北九州市に研修員として受け入れた。上述のセク・サムアンもその一人である。

その後は、後述する技術協力プロジェクト(技プロ)のフェーズ1の最初の4カ月間にも、原理や理論について指導し、さらに日本へ研修に来てもらって教えるというかたちで対応していった。

このように、テレメーターシステム導入のための協働事業は、協働事業ならではの多くの困難に直面したが、日本側関係者は臨機応変に対応しながら、システムの着実な設置を支援していった。なお、菊地は、前述の森(当時、局長)と一緒に、2003年11月の技プロのフェーズ1のキックオフ・セミナーでテレメーターシステムの講義をするためにもう1度カンボジアを訪問している。

中央監視室を一歩も出ずに盗水場所を特定

2003年10月に開始したJICAの技術協力プロジェクト(技プロ)のフェーズ1(詳細は第4章参照)の最初の半年間においては、まず、テレメーターシステムを電気技術者の高山らが完成させたところで、そのデータ解析方法などを土木技術者であり配水を担当した久保田らが伝えていくこととなった。

久保田は、2004年1月から2カ月間、配水管理およびデータ解析のために再度赴任していたが、そのテレメーターシステムの指導中に、プノンペン水道公社にとっては、まさに前代未聞の「大事件」が起きた。浄水場の中央監視室から一歩も出ることなく、久保田が「盗水箇所」を言い当ててしまったのである。

通常、水道事業体では、多くの配水設備が遠くに設置されているので、それらを遠隔で監視するためにテレメーターシステムを活用する。このテレメーターシステムの構築は電気チームの仕事だが、構築されたシステムから流量データを読み取り、解析し、どういう問題があるかを分析するのは配水チームの仕事になる。流量データの解析と漏水・盗水監視の方法を、久保田は次のように説明する。

「流量データのどこを見るかというと、まず夜間にみなが寝静まった一番利用の少ない状況、これが全体の何パーセントを占めているかを見るのです。通常の漏水であれば24時間一定なはずです。盗水というのはこれ

に上乗せされるもので、一般的に、寝ているときにはありません。昼間に盗水が上乗せされるのです。

　例えば、料金にならない水量が50パーセントもあるといっても、漏水なのか盗水なのかはすぐにはわかりません。そういう時には、通常の漏水を推定して、残りが盗水だと判断するのです」

　そのためには、かなりのデータが必要になる。しかも、これを1時間おきにやっていたのではわからないので、1分単位のデータを集めるのだという。プノンペン水道公社の職員を仰天させ、日本の水道管理技術水準の高さを瞬時に植え付けた「盗水発覚」事件のいきさつ、久保田マジックの種明かしをしてもらった。

　「ある時、夜間寝静まった頃にドーンと流量が出て、また下がり、またドーンと流量が出て、また下がる。昼間も同じような波形が出ていました。これを計算しますと、大体10トン（10㎥のこと）の水が30分ぐらいおきにドーンと出ている。とにかく、おかしいのです。例えば、大きなホテルの受水槽（タンク）が空になって、短時間にバーッと水を入れなければならないとき、こういうことがあり得ます。しかし24時間のうち、1時間おきにタンクが空になるとか、特に夜中にはタンクが空になることはありませんから、これは盗水じゃないかと疑いました」

　この蛇口の口径を計算したところ、60から70ミリだった。ここで久保田はピンときたという。

　「普通の家庭の蛇口は10ミリです。こんなに大きな蛇口を持っているところは、普通の家にもホテルにもありません。火を消すときに使う消火栓、これがまさにそれに相当したのです」

　このブロックには消火栓が3つしかなかった。久保田は職員に、24時間これらの消火栓を監視しなさいと指示した。「絶対に盗水だから」という言葉を添えて。

　職員が監視していると、果たして敵はやって来た。タンクローリーだった。

それも10トンのタンクローリーで、まさに久保田の計算どおりだった。乾季なので1時間おきに来ており、給水区域外で盗んだ水を販売をしていたようだった。ガソリン代はかかるが元手はタダの、あくどい商売である。

後日、この話を聞いたエク・ソンチャンは、久保田に、「中央監視室から一歩も出ずに盗水の場所をあてるなんて、あなたは占い師のようですね」と言ったという。

白昼堂々と盗水するタンクローリー　　　　　写真：久保田和也

無収水率がついに10%を切った

十分なデータさえあれば、つまり現場情報が十分に把握できてさえいれば、このように現場へ一歩も出ずに、その盗水場所までもが特定できる。きちっとした水理計算をすれば、水圧がいくらで、開口部がいくらだったら、この流量が出るということを計算できる。こんなことがテレメーターシステムでできるのだ。久保田は補足する。

「これは、市内管網全部の使用水量を調べていたのではわかりません。それでは流量が10トン上がったところで、全体の使用水量が大き過ぎて、消えてしまいます。これを地区（ブロック）毎に分けてやるから、はっきりと見えてくるのです」

テレメーターシステムの導入によって、そのときの配水状態が診断でき、

そのあとの対処を判断できるようになる。またそれが、漏水・盗水の削減につながっていく。こうした相乗効果を確信し高い評価を与えたのが、ほかでもないエク・ソンチャンだった。テレメーターシステム導入の最大の目的を、彼はこう語っている。

「このテレメーターシステムは、直接的に無収水率を減らすというものではなく、行動を起こすために必要なものでした。つまり、テレメーターシステムを通じて得られたデータを見ることで、その時の状態がわかるのです。そのような情報を得ることで、次にどんな行動を起こすべきかがわかります。

また、このような情報が集まってくることによって、どこで漏水（盗水）が起きているのか、どこに無駄があるのかということがわかり、そして改修・改善をすることによってその率を減らすことができるようになりました。そこにこそ費用対効果があったのだと思っています」

これまでみてきたように、プノンペン水道公社（PPWSA）の改革において、エク・ソンチャンは、まずは援助機関の融資条件を巧みに活用しつつ、不安定な政治情勢のなかで高いレベルの政治的コミットメントを取り付け、カンボジアで初めてとなる水道局の公社化を実現した。PPWSAが公社としての人事・財務面での独立裁量権を持ったことで、エク・ソンチャンは人事面での大ナタ（アメとムチ）を振るうことができた。結果、組織の結束力が生まれた。一方で、職員の給与の8年間の連続アップ宣言を通じ、若手幹部たちを先頭に、水道事業経営の改善に最大限の力を集中させることに成功したのである。

市街地における水道施設の整備が一段落した1999年からは、JICAを通じて派遣された北九州市水道局の専門家により、整備された設備を"自己診断できる技術"へと、次の改革の明確な方向性が示唆された。そしてテレメーターシステムという、PPWSAのニーズに適合した配水ブロックデータ監視システムと技術の導入が、JICA・北九州市によって支援されること

となった。

　水道公社の応分の負担を前提としたこの協働事業は、紆余曲折を経ながらもシステムの設置完了に至り、水道公社職員の技術と知識の向上につながっていった。特に、専門家の実地のデータ解析と診断技術の指導は、その後、水道公社みずからによる漏水率削減への取り組みにつながり、無収水率は、テレメーターシステムの設置の完了した2003年に20%を切り、2005年には10%を下回る劇的変化を見せることとなったのである。

| NOTE 3 | バスタブに身を潜めて難を逃れる
――2003年のプノンペン暴動 |

　政情不安定な開発途上国における国際協力においては、その地域内での紛争や暴動に巻き込まれるリスクを否定することはできない。最大・細心の注意を払っていても、生命の危険にさらされる事件に遭遇することもある。プノンペンでは、JICA短期専門家として派遣された菊地克俊がからくも危機を脱した。

　「タイのものだったアンコールワットを奪ったカンボジア人は嫌い。アンコールワットをタイに返さなければ、カンボジアには行かない」ドラマの主人公「モーニング・スター」の名前で知られるタイの女優スワナン・コンギンが発したとされるこの発言が、すべての始まりだった。2003年1月18日、カンボジア紙「リアスマイ・アンコール」がこれを伝え、この発言は侮辱的で、スワナンはカンボジア人に謝罪すべきだとの論評を掲載した。

　これを受け、フン・セン首相は、1月27日、コンポンチャムで行った講演で、タイのテレビ番組を放映禁止とし、「モーニング・スター（スワナン）」を強く非難したのである。このことが一連の暴動の発端となったとされる。

　スワナン本人は「そうした発言はしていない」と否定したが、1月29日、プノンペンでは、発言に怒った学生や市民約1,000人がタイ大使館を包囲。タイ国旗を焼くなど暴徒化し、大使館に火をつけた。さらに、群衆がタイ資本のホテルなどの商業施設やオフィスを破壊し略奪する暴動にまで展開した。その日、菊地は市内の日本料理店にいた。

　「たまたまテレビを見ていたら、タイの大使館が焼き討ちにあっていた。これは危ないぞ、このような暴動が起きているのであればホテルにいた方が安全かなと思い、すぐにホテル（ロイヤルプノンペン・ホテル）へ戻りました。私はホテルのコテージ風の部屋にいたのですが、なんとそこはタイ資本のホテルであったため、やがてここにも暴徒が1,000人ぐらいがダーッと押し寄せてきたのです。直観的に『これはいかん。部屋から出るのもまずいな』と思いました。

ピストルを撃っている連中もいました。あとでわかったのですが、ホテルの従業員も1人死んだようです。部屋のドアには鍵がかかっていたので簡単には入っては来られないだろうと思っていたのですが、暴徒は用意してきていた斧で鍵を壊し、部屋に押し入ってきました。私は、ギリギリのところでバスタブの中に身を隠し、何とかやり過ごすことができました。

テレビやタンスなど、部屋の中のものは全部持っていかれました。その後、ホテルに火を付けたようなのです。このまま隠れていたら焼け死ぬかもしれないと思い、日が暮れてきたこともあり、闇に紛れてうまく逃げ出したのです。同じホテルにいた他の日本人7名も同様だったようです」

この暴動のあと、国外退避のため菊地は一時帰国を余儀なくされた。菊地も大いに肝を冷やしたろうが、おかげで計測盤の設置が大幅に遅れ、テレメーターシステムの導入に大きな影響を及ぼした。

NOTE 4 水道を通じた国際協力を推進する北九州市

　1999年からプノンペン水道公社（PPWSA）への支援を開始した北九州市。その後、一貫してPPWSAへの支援を継続しつつ、カンボジアの地方水道事業への支援にも活動を展開している。現在は、カンボジアにおける水道ビジネスへの参入も視野に入れながら、更なる展開を模索している。
　PPWSAは北九州市の協力によって、なぜこれ程の成果を上げられたのか——エク・ソンチャンは語る。
　「日本には、もちろん能力の高い方がたくさんおられますが、日本との協力が成功したのは、そのような方々に来ていただけたことに加えて、協力の姿勢というものが功を奏したのではないかと考えています。
　日本とカンボジアとの協力のなかで、私は水道公社と北九州市との協力事業が一番良い成果を出しているのではないかと感じています。成果を出せた要因は3つあったと思います。
　1つ目は、北九州市の支援体制において、組織のトップレベルからの支援・関心が得られてきたこと。2つ目は、北九州市の専門家の方々が、先生という上からの目線ではなく、常に友人として接してきてくれたこと。したがって、常に師でもあり、友人でもあったのです。3つ目は、水道公社の技術者らに知識欲があったこと。それは、知りたいとか、理解したいとかいう欲求です。そういう知識欲があったからこそ、上手くいったのだと思います。カンボジアには『飲むも食べるも一緒のグループ（同じ釜の飯を食う仲間）』という諺があります。われわれは、本当にそういう仲でした。このような付き合い方ができる専門家を派遣できるのは、日本の支援の強みだろうと考えています」
　北九州市の専門家として、技術協力プロジェクト（技プロ）にも長く関わった木山聡は、技プロ開始当時の北九州市の様子を正直に語ってくれた。
　「私は、もちろん北九州市の水道局長の了解を得て、水道公社での技術移転で必要な人員の提供を各部局にお願いをしていました。

しかし、実際には、そのような人員を派遣してくれる担当部局である浄水部や給水部は、本当にきゅうきゅうの状態でやっていたので、帰国する度に、頭を下げてお願いして歩き回りました。

　当時、私が帰国して担当部局へ挨拶に行くと、担当部局の人たちがうつむいて『人買いが来たぞ』とよく揶揄されたものです。私は、自分たち担当者が単に好きでやっていると思われるのが一番つらいと思い、北九州市水道局にとっても本当に重要な仕事なのだと認識してもらおうと、かなり宣伝活動もやらせてもらいました。

　例えば、フェーズ1が終わった時にお願いして、終了時のセミナーの開催を北九州市でもやらせてもらいました。日本の全国10都市から、国際貢献をしている都市の関係者に集まってもらい、市民にもオープンというかたちでの公開セミナーを開催しました。こうして理解を得つつ、少しずつですが、みなの考え方も変わっていきました。

　局長らは、局の仕事なのだから、お前一人が苦しむ必要はないよとずっと応援してくれていたので、本当に助かりました」

　北九州市で最初の専門家として、PPWSAへ派遣された久保田和也は、北九州市の将来を考え、技術の継承のためにも、若者の派遣が必要と説く。

　「われわれは水道屋です。水道屋にとって、技術力の確保というのは大きな課題なのです。北九州市の水道普及率は現在99.6％ですので、われわれがすべきことは、通常、維持管理が中心になります。

　したがって、工学系の優秀な大学出身の有能な人材であっても、北九州市上下水道局へ就職してやっていることは、実はプノンペン水道公社の職員がやっていることとほとんど変わりません。マニュアルに基づいたルーティンワークが基本です。そのルーティンワークは確かにそれはそれで難しいものではあります。

　北九州市でも、将来的にはダムの造り替えや浄水場の造り替えなど、大きな仕事が控えています。ところが、昭和30年代にダムや浄水場などを造った人材はもうほぼ定年を迎えています。私は、このような技術をどのようにして継承していくのかが、とても大きな課題だと思っています。そして、その解決策の1つが海外であり、途上国ではないだろうかと考えてい

ます。
　カンボジアを含めた東南アジアでは、これから水道施設の拡張期を迎えます。そのような時期に、若手人材に途上国での経験を積ませられれば、将来の北九州市の大規模更新の際に役立つに違いないと考えています。こうした技術の継承という意味でも、私の後任らが、途上国での仕事へ積極的に関わることは非常に有意義です。自分たちだけではなく、なるべく若手の職員らにそういう将来に備えた技術をしっかりと学んでもらいたいと思っています」
　2011年の北九州水道100周年記念行事において、北九州市は、カンボジアと日本両国の友好関係に寄与した外国人に国王名で与える勲章である友好勲章「大十字章」を、カンボジア政府から授与された。また、歴代の水道局長やJICA専門家として活躍された同市水道局職員に対しても友好勲章「騎士章」が贈られている。2012年7月、北九州市は、カンボジアにおける水道分野の国際協力事業が評価され、外務大臣表彰を受賞した。
　北九州市上下水道局の国際協力は、今もその協力の輪を拡大し続けている。
　「北九州市上下水道局では、カンボジアだけでなく、ベトナムや中国の水道事業にも支援を広げています。2010年、『北九州市海外水ビジネス推進協議会』が設立されました。約140社の会員企業から成る組織であり、同局がカンボジアをはじめとする国々で開拓したルートを通じて、日本の水道技術の輸出に取り組み始めています。北九州市上下水道局が国際支援を通じて培ってきた各国との信頼は、民間企業のビジネスチャンスとしても開花しようとしています」(『2013年版　政府開発援助(ODA)白書』のコラム「設備と人材をつなぎ安全な水を届ける」)

第4章

技術協力プロジェクトによる総仕上げ
～PPWSA の人材育成と組織づくり～

2つの機関から人材育成への協力要請が

　水道局そして水道公社に至る水道事業改革が効を奏し、さらに施設・設備の更新・拡張が順調に進んでいった。2000年代に入るとプノンペン水道公社（PPWSA）の事業規模は飛躍的に拡大をみた。しかし、改革をリーダーとして終始一貫して牽引し、奇跡を成し遂げつつあったエク・ソンチャンは、それで満足することはなかった。総裁は1つの大きな不安材料を抱えていた。それは"人材"である。駆け足でインフラの構築を進めてきたが、完成した新たな浄水場の運転・維持管理を満足に行える人材がまだ育っていなかったのである。

　浄水場の運営・管理を実地に担い得る本格的な人材育成の必要性を痛感していたエク・ソンチャンの脳裏に、「JAPAN」の五文字が再び力強い明確な像を結んだのはごく自然のなりゆきといえよう。当時、テレメーターシステムの指導に来ていた北九州市の専門家たちの現場に腰を据えた手厚い指導ぶりを、彼は間近に見ていたからだ。「日本人技術者であれば、水道公社の職員を上手く育成してくれるに違いない」と確信したエク・ソンチャンは、JICAを通じた本格的な技術協力を要請するのである。こうして、一連の改革の総仕上げとしてプノンペン水道公社を舞台とした人材育成と組織づくり、すなわち「JICA技術協力プロジェクト」がスタートした。

　本格的な人材育成支援を目的とした技術協力プロジェクトを始めるにあたり、JICAとカンボジア側でさまざまな議論が行われた。というのは、ちょうど同じ頃、カンボジア鉱工業エネルギー省（MIME）は、所管の地方水道事業の改善に強い関心を示し、地方人材育成のためのJICAの技術協力をまさに要請しようとしていたからである。PPWSAとMIME──カンボジアの2つの異なる機関から、水道人材育成への協力が日本政府に要請されたのだ。

　2000年頃には、カンボジアの地方における治安はかなり回復してきた。

1997年7月に生じたフンシンペック党と人民党間の武力衝突が収拾し、98年の総選挙では人民党が勝利を遂げた。また、ポル・ポトの死や主要幹部たちの投降（98年）により、ポル・ポト勢力は事実上消滅し、カンボジアの政情は飛躍的に安定してきた。

それまでは、地方の治安に問題があったため、多くの国際援助機関の支援がプノンペン市もしくはシェムリアップ市周辺に限定されていたが、この頃から援助の地方展開が活発となっていった。日本側でも、1993年に始まったプノンペンの水道事業に対する支援が、2003年に完成予定のプンプレック浄水場の拡張工事で一応の見通しが立ち、プノンペン水道公社の経営、水道サービス状況が著しく改善されてきていたため、地方上水道の改善に向けた動きが注目され始めていた。

地方都市の上水道整備についても援助が始まりつつあったが、所管官庁であるMIMEは、世界銀行（WB）などの国際機関に促されさまざまな方針や政策を次々に策定している時期でもあった。2002年には「カンボジア・ミレニアム開発目標（CMDGs）」において水と衛生関連の目標（2015年までに都市部に住む人の80％、農村部に住む人の50％に安全な水を供給する）を設定した。2003年には「水供給と衛生にかかる国家政策」を策定し、2004年には「カンボジア飲料水水質基準」を制定した。

当時、MIMEに対しては、2001〜02年に2回にわたり、日本の国際厚生事業団（JICWELS）が地方人材育成を目的としたプロジェクト形成調査を行い、MIMEのペン・ナブット水道部長に「水道技術訓練センター」設立の提案をしている。地方における人材不足に焦点をあてたJICWELSの提案に、MIMEは大きな期待を寄せていたのである。

しかしながら、JICAは、当時のMIMEの運営管理能力やスタッフの能力について、かなり厳しい見方をしていた。のちにこのJICA技術協力プロジェクトの事前協議に関わり、プロジェクトを統括するチーフアドバイザー（日

本側のプロジェクトリーダー)となった山本敬子[1]（当時、JICA国際協力専門員）は、こう判断していたという。水道技術訓練センターが援助で建設されてもカンボジア側で維持管理するための予算確保が見込めないこと、また日本人専門家が派遣されてもMIMEには技術移転の受け手となる人材がいないことから、センターの設立は現実的ではない、と。

JICAは、2001年にMIMEに対する地方水道整備への助言指導のため、横浜市から短期専門家を半年間派遣。地方都市水道やMIMEの現状への理解を深めていた。加えて、他の東南アジア諸国等での訓練センター建設・運営支援の経験から、カンボジアの地方都市においては別のかたちでの人材育成を提案すべきだと考えていたのである。

単刀直入にいえば、「プノンペン水道公社が有する研修センター」の能力を強化して、水道公社の人材育成とともに地方の人材育成を図る考えでいたのである。これは、当時、日本が無償資金協力での建設を予定していたシェムリアップ浄水場の人材育成を急ぐ必要性に迫られている中での提案でもあった。

これに対しMIMEは、水道公社にばかり援助機関からの支援が集中し、MIMEや地方に対しては支援が少なすぎるのではないかと、かなり反発を示していたという。

他方、水道公社のエク・ソンチャンも技術協力プロジェクトを日本政府へ要請しようとしていた。日本の無償資金協力により拡張したプンプレック浄水場がまもなく完成する。その運転・維持管理に関し、職員の技術力の向上が急務であると考えていた。また、北九州市の協力によって導入途上だったテレメーターシステム（配水ブロックデータ監視システム）を早期

---

1)山本は、千葉県水道局にて唯一の女性技師として20年勤務したのち、ボリビアの企画調査員としての長期派遣を経て、1995年よりJICA国際協力専門員。カンボジアについては、1996年の「第二次プノンペン市上水道整備計画（無償資金協力）」の基本設計調査団、シェムリアップ上水道整備のための事前調査団の総括をはじめとして、数多くの業務に関わり、タイやインドネシアなどでのJICAの水道人材育成事業の援助経験を踏まえ、カンボジアに適合した人材育成のあり方を重視していた。

に完成させ、日常的な漏水・盗水対策業務に活用できるよう、日本からの技術協力が不可欠と考えていたのである。

「技術協力プロジェクト（技プロ）」の開始

　MIMEからの地方の水道関連人材を育成するための「水道技術訓練センター」と、プノンペン水道公社からの「浄水場およびテレメーターシステムの維持管理等の技術移転」の2つのプロジェクト要請を受け、2003年4月、JICAは国際協力専門員の山本を団長とする事前調査団を現地に派遣した。前者についてはJICA側に強い慎重論もあったが、最初はMIMEへの関わりを最小にし、プロジェクトの実施段階でMIMEの反応を見ながら少しずつMIMEの活動を増やしていく方向で、カンボジア政府側との協議に臨んだのである。

　事前調査の時点でも協議は難航したが、双方との協議を重ねた結果、山本は、それらを1つにまとめる案で最終合意を形成している。それは、水道公社の運転・維持管理能力を強化しつつ、その能力を地方人材の育成に活用する体制を整備することで、この折衷案を1つの「技術協力プロジェクト（技プロ）」にまとめた。

　山本によれば、水道公社の研修センターを地方の人材育成にも用いる案に対し、MIMEのペン・ナブット水道部長は、MIMEへの支援がほとんどないことに強く反発。「水道技術訓練センター構想」に固執したという。

　JICAは、「まずは小さな成果を積み上げることで信頼を築いていこう。さもなければJICAの協力はMIMEに広がっていかないだろう。プロジェクト期間中の活動成果が良ければ、MIMEへの協力部分は増やしていける」と説得を重ねた。

　こうした粘り強い協議の結果、MIMEの職員を水質管理の講師として育成するために、日本での研修を別に組み入れることに落ち着いた。また、プロジェクトの2年目からは水道公社向けの研修計画を2つに分け、

地方人材育成のための計画づくりにはMIMEの職員も参加させることにした。

事前調査において水道公社職員と問題分析ワークショップを行ったところ、水道公社への技術移転についても、浄水場施設の適切な運転・運営管理という緊急課題に加え、水処理技術と水質向上の課題が浮上した。水道公社の人材育成において重視すべき水質管理は、技術移転計画の重要な柱の1つに位置づけられた。

このようにして、MIMEと水道公社の2つの要請を統合した技術プロジェクト（技プロ）が正式に開始されることになったのである。

標準作業手順書の導入を目指す

JICAは、2003年10月、技プロ「カンボジア水道事業人材育成プロジェクト（フェーズ1）」を開始した。技プロの目標は、水道公社職員の施設運転・維持管理能力を高めると同時に、地方水道局職員に対する研修実施能力の向上を図るもので、それはかなりチャレンジングな3年間の技術協力を意味した。

技プロでは、実際の活動の約8割が水道公社を中心に行われた。水道公社の職員に対し、日本国内での研修を戦略的に組み合わせながら、専門分野ごとに現場で指導する「OJT方式」を主軸に実施。スキルアップした職員の能力を地方の人材育成に有効活用するため、「水道公社の研修センター」を強化し、地方職員を受け入れる体制づくりも視野に入れた。

協力活動は、3年間を次の4つの段階に分けて行われた。

①電気設備、水処理、水質管理、配水量管理のOJT。②水道公社職員のための研修コースの立ち上げ。③地方水道職員のための研修コースの立ち上げ。④上記②と③の評価と強化。

プロジェクトは、チーフアドバイザー（プロジェクトリーダー）の山本の考

図表4-1　カンボジア王国水道事業人材育成プロジェクトの計画概要

協力期間	2003年10月～2006年9月（3年間）
相手国実施機関	プノンペン水道公社（PPWSA）：　職員数約410名 鉱工業エネルギー省（MIME）水道部：　職員数約300名（地方水道事業体職員を含む）
プロジェクト目標	1. PPWSAにおいて、水道施設を運転、維持管理する能力が向上する 2. プノンペン市およびその他の都市部の上水道分野の人材育成が改善される
成果と主な活動	1. PPWSAの配水量管理能力が向上する 　テレメーターのデータ解析、配水量管理計画策定、漏水対策策定に係る指導を行う 2. PPWSAの浄水場が適正に運転、維持管理されるようになる 　水処理技術、電気・機械設備の維持管理に係る指導を行う 3. PPWSAの水質分析能力が向上し、モニタリング体制が改善される 　水質分析・解析、水質モニタリング結果の浄水場運転への反映に係る指導を行う 4. PPWSAにおいて人事、研修担当者が人材育成を独自に実施できるようになる 　人材育成計画を作成のうえ、専門家派遣、日本国内研修、タイでの研修によって人材育成計画の管理に係る指導を行い、PPWSA職員を講師として育成したうえで、PPWSA職員を対象とした研修を実施する 5. PPWSAおよびMIME水道部職員が地方水道事業体のニーズに沿った研修を実施できるようになる 　地方水道事業体の育成現状調査を実施し、2～3水道事業体の人材育成計画を策定したうえで、PPWSAの施設、講師を活用し、地方水道事業体職員を対象とした研修を実施する。また、MIME水道部の職員による地方水道事業体職員を対象としたワークショップ（水道に関する法律、政策等）を実施する
投入 （日本側）	総費用約3億円 長期専門家1名（電気設備）、短期専門家6～8名/年（チーフアドバイザー、配水システム、水処理、水質、機械ほか）、第三国専門家派遣1～2名/年（水処理、水質分析）、日本国内研修4～8名/年（国別研修「配水ブロックデータ監視システム」、水道一般、人材育成ほか）、第三国研修2～5名/年（水質、研修計画等）、研修機材供与1,500万円（テレメーター用修理工具、浄水処理工程模型ほか）
投入 （カンボジア側）	技術移転を受けるカウンターパートの配置 （PPWSA：　テレメーターおよび配水管理4名、水処理浄水場管理6名、各浄水場各2名、水質3名、人材育成2名、トレーニング技術指導2名）（MIME：　2～3名） プロジェクト事務所（PPWSA研修センター内） 地方都市研修受講者の交通費・宿泊費等、研修センター運営費

出典：JICA資料より作成

えに基づいて、3年間の具体的な協力計画案をカンボジア側と共有しながら、双方間で綿密に協議しながら実態にあわせて実施が進められていった[2]。そして、3年間の協力の成果品として研修教材のほか、後述する業務マニュアルでもある「標準作業手順書」の作成を目指すこととなった。

エク・ソンチャンが、この技術協力に最も期待したのは「持続的な事業運営のための手続き・技術の確立」であった。

「当時、水道公社を運営していくうえで一番不安だったのは"持続性"でした。例えば、機械が動かなくなっていても誰もそれに気づかない、過去に敷設した水道管がどこにあるのかわからない——このような問題が実際に起きていたのです。もちろん、無収水率を減らすために水道メーターを取り付けるとか、お金を徴収する、そのようなことであれば私にも努力すればできました。しかし、浄水場の施設が壊れる前の事前修理・点検といった知識はありません。いや、どのエンジニアに聞いても、発電したり機械を動かすことはできても、どのように維持管理をすべきか、事故を未然に防ぐかといった知識やノウハウは持ち合わせていなかったのです」

そんなエク・ソンチャンは、北九州市の浄水場を訪問した際、職員が施設の維持管理のために『チェックシート』をつけているのを見て大変驚いたという。そして、水道公社でもこれができるようになればと考えた。

「持続性を確保するためには、きちんとした作業手順の標準、確立した方法や技術というものを知らなければならないことを痛感させられました」

エク・ソンチャンのこの技プロを通じた実地での職員の技術力向上、そして「標準作業手順書」導入への期待は大きく膨らんでいった。

---

2) 山本によれば、ポル・ポト時代に教育を受けた公社職員の基礎能力の問題、職員間の反目、専門家の派遣のタイミングのずれ、予想外の日本国内研修予定者の選定など、調整の必要な事項は山積みであり、現場の変化に迅速に対応しにくいJICAのシステムのなかで、目標達成までの道のりは並大抵ではなかったという。

サンダルを履いている者はつまみ出せ

　技プロでは、水質管理面の支援を横浜市が担当するほかは、主に北九州市の専門家らが技術指導を担うこととなった。チーフアドバイザーである山本は、日本とカンボジアを何度も行き来しながら、双方の関係者との協議を通じてプロジェクト全体を運営管理した。また、電気設備分野は北九州市から専門家が長期派遣された。その他の分野は短期専門家を派遣して指導する体制がとられた。

　この技プロの事前調査に引き続き、開始当初より長期専門家として派遣された北九州市の木山聡は、当時のプロジェクトの専門家の顔ぶれと個々の役割・責任分担について、次のように語る。

　「技プロは、当初2003年7月の開始予定でしたが、実際には2003年10月に始まりました。私は、長期の電気設備専門家兼業務調整員として派遣されました。最初の1年半は私が長期専門家として滞在し、残りの1年半は久保田和也が長期専門家として滞在しました。前半にも、久保田は1度短期専門家として来てくれました。2年目からは、山本リーダーも半年ずつの滞在になりました。また後半には、業務調整担当の専門家（鎗内美奈）が正式に加わりました。鎗内調整員はカンボジアで青年海外協力隊員として活躍したあと、任期終了後に、現地雇用のプロジェクト調整スタッフとしてまず加わり、私の離任直後に、JICA派遣の業務調整担当専門家になったのです。後半には、今度は私が短期専門家として、毎年1回は派遣されました」

　木山によると、プンプレック浄水場拡張工事の完工前は、既存施設の修理指導から始める必要があったという。また実地指導においては、仕事に対する取り組み姿勢などを含めて、水道公社の職員に対し、かなり細かな注意と指導から始めねばならなかったようだ。

　「2003年に赴任した頃には、まだプンプレック浄水場の無償資金協力の拡張事業をやっている最中でした。プロジェクト開始後に完成し、確か

2003年12月に引き渡し式がありました。当時、古い浄水場はかなり頻繁に故障していたので、最初はその修理指導に追われました。最初は、相当細かな指導もしましたよ。例えば、水道公社内の情報共有の仕方、つまり連絡体制をどうするかとか、作業時の服装やサンダルを履いて仕事をするとか、本当に細かなことから始めました。もし作業中にサンダルを履いている者がいたら、つまみ出せと。靴屋も紹介し、靴のサイズも調べさせて買わせました」

このように技プロは、「やってみせ、やらせてみせて」というOJT方式での指導を基本に、「飲むも食べるも一緒のグループ（同じ釜の飯を食う仲間）」で信頼関係を構築しながら進められたのである。

電気設備の維持管理実務を一から指導する～木山専門家
写真提供：JICAプロジェクト

飲める水の24時間供給を実現

久保田が初めて水道公社に短期専門家として派遣された1999年頃、エク・ソンチャン総裁からは、プノンペン市の水道事情に関しては「水質管理よりも漏水・盗水対策を優先させざるを得ない」と釘をさされていた。それでも、水質管理の重要性を鑑み、JICAからは1998年と2001年にそれぞれ2年の任期で、2名の水質分野の青年海外協力隊員が派遣された。また、1998年からは3カ年にわたり、水道公社は日本の協力で施設

的・技術的に先行するタイの水道技術訓練センター（NWTTI）に、水質分析・管理分野の職員を派遣している。その反対に、1998年と2000年にはそれぞれ半年にわたり、タイ水道技術訓練センター職員が第三国専門家としてプノンペン水道公社に派遣された。

しかしながら、2000年前後の時点ではまだ漏水・盗水対策が最優先事項であり、水質管理は時期尚早との認識が強かったのである。

そこで、プロジェクトは2004年3月に、この技プロのカンボジア側の実施責任者である、水道公社のロン・ナロー副総裁とMIMEのペン・ナブット水道部長の2名を、1週間の短期集中での日本国内研修のため横浜市に送り込んだ。横浜市の水処理や水質管理の具体的なプロセスや方法を学んでもらうためだ。そのとき、この2人がカンボジアから持参した水試料の水質分析が行われ、その結果、水質上の問題点と今後の取組み指針が明らかになった。山本によると、エク・ソンチャンの水質への問題認識は、ロン・ナローの帰国報告を受けて変化していったという。

技プロ開始の翌年の2004年頃には、プノンペン市内の水道関連施設の整備はほぼ終了した。プンプレック浄水場の浄水能力は、日本の援助

拡充されたプンプレック浄水場　　　　写真提供：JICA

3）JICAとPPWSAおよびMIMEとの間での合意に基づき、この技プロのカンボジア側の総括実施責任者は、エク・ソンチャン総裁が担うことになった。

により15万㎥／日へと拡張され、また世界銀行（WB）により整備されたチュルイ・チャンワー浄水場も6.5万㎥／日に拡張された。こうしてプノンペン市内の水の需給バランスは大きく改善され、この時点でついに24時間安定供給が可能となったのである。

　久保田は、この時期、水質管理に取り組む機がようやく熟したと感じたという。

「2004年になると無収水率が10パーセント付近まで改善されていました。ある日突然、エク・ソンチャン総裁が、99年当時には鼻で笑っていた『水質管理』を本気でやろうかと言ってくれたのです。水道公社には、料金収入がどんどん入ってきていたので、財政的な余裕がありました。それに、技プロを実施中ですから、横浜市などからも水質分析の専門家が来ていた。そこで、薬品も十分に確保できるように予算もつけてもらい、『飲める水にしよう』ということになりました。もともとプンプレック浄水場は、日本が拡張工事をした浄水場ですから、きちんと操作すれば日本と同じようにきれいな水が出るはずなのです。予算がついたことで、意外に早いうちにできるようになりました。もちろん人材育成やオペレーション支援もしましたが、結果、世界保健機関（WHO）の水質ガイドラインをベースとしたカンボジアの水質基準もクリアできるようになった。ついにプノンペンでも、そのまま飲める水が蛇口から出るようになったのです」

　当時の状況を、木山も語ってくれた。

「当時は浄水場の24時間運転がなかなかできず、とにかく早くやれとせかしていました。それでも水道公社の職員らは、まだまだ不安と言い続けていた。結局、24時間運転が始まったのは2004年の4月末頃でした。私は、24時間運転を始めるのだったら塩素を必ず入れ続けるようにと、確約を取ろうとしていました。当時は、塩素が品切れになるトラブルがしばしばあったからです。この件で、実はエク・ソンチャン総裁とかなり侃侃諤諤やりあいました。『塩素が入っていなければ安全な水じゃないし、水道

とは言えない』と私が言うと、当時はまだ水が来るだけでましだという考え方があったので、『何を難しいことを木山さんは言っているのですか。たまには塩素だって切れることがありますよ』と総裁に言われました。ちょうどカンボジアの水質基準も定まりかけていましたので、『それでは、水質基準を守れないことがあれば、もちろん給水を停止しますよ』と総裁が言い切ってくれたのです。この言葉が飲める水への一歩につながったと私は考えています」

処理前の原水と処理後の浄水　　　　　　　　　　写真：野中博之

　技プロによる技術移転の進展と共に、2004年頃になると水質面の大幅な改善が見られ、WHOの水質ガイドラインに準拠した給水も可能となっていった。エク・ソンチャン総裁は『水の安全性』を宣言し、水道公社職員にも蛇口からの水を飲むように勧めていったのである。

　しかしこれまでの慣習もあり、職員らが実際に飲むようになったのは、1～2年後だったろうとエク・ソンチャンは言う。自分の妻は、自分と同じ時期（2004年）に飲み始めたが、孫を含めて家族全員が飲むようになったのは2010年頃だったと、正直に語っている。

　久保田もまた、自分が出張に出かける国の中では、プノンペンの水が一番安心できる水だと証言する。

　「特に、シャワーを安心して浴びられるのが最高です。他の国だと水

が汚く、息を止めて、酸欠するくらいになりながらシャワーを浴びなければなりませんが、プノンペンではその必要がありませんからね」

原水の浄水処理に日本にない難しさが

　前項でも述べたように、技術協力プロジェクト（技プロ）が始まって間もない2004年2月頃より、水道公社は、プノンペン市の水道水が飲用可能であることを対外的に発表し始めた。この前後に、プロジェクトの短期専門家として、水処理技術、水質管理や水質分析などの分野で、北九州市や横浜市などから技術者が継続的に現地に派遣され、水道公社の職員の指導、さらに各種のマニュアルの整備、加えて地方水道の職員を指導するための体制整備も併せて行っていったのである。

　具体的には、水処理技術の分野で北九州市の加賀田勝敏がまず派遣され（2003年10月〜11月）、その後、水質管理および水質分析の分野では、横浜市の工藤幸生（2004年1月〜3月）や日本水道協会の亀海泰子（2004年4月〜9月）などの専門家が数回にわたり、カンボジアで指導を重ねていった。

　水道公社の短期専門家として派遣された亀海が赴任した頃には、水道公社の浄水処理によって、プノンペンの水道水はすでに飲用可能になっていた。

　「プノンペン市の水道水は飲めます（2004年現在）。私が保証します。びん水より安全です。ただし、市中の食堂などではため水を使っていることがあるのでご注意下さい。プノンペン市以外の水道はごく一部を除いてそのまま飲むには不適です。これは、設備の問題、技術の問題、経済の問題（薬剤が買えない）によります。

　プノンペン市の水道事業はここ数年で飛躍的に良くなりました。理由は3つあります。第1に、老朽化したパイプライン（配水管網）のリハビリが行われたこと。第2に浄水場の新設増設が進んだこと。第3に水道公社のトッ

プが安全な水を24時間供給することに誇りを持っており、確実に供給することに努力を惜しまないことです。

わずか2～3年前には濁った色つき水が蛇口から出るのが普通だったとは思えません。24時間給水ができるようになったのも最近のことです。実際に、ここ1年の記録を見てもかなり良くなっています」(亀海泰子「プノンペン水道公社技術協力報告」『コンサルタンツ北海道』第105号（平成17年（2005年）1月31日発行))

亀海はこのような「報告」をしたものの、安全な水の24時間供給に向けて、日常的な水処理や水質管理を確実に行うための水道公社職員への指導は、一筋縄では行かなかったようである。

水道公社はプノンペン市を流れるトンレサップ川とメコン河の水源を利用しているが、亀海によると、この原水（水道水の原材料になる水）の浄水処理には、日本とは異なる難しさがあったという。特に、プンプレック浄水場が取水しているトンレサップ川は、浄水場の下流側でメコン河と合流する地形となっているため、雨期が始まるとメコン河の水量が増し、トンレサップ川に逆流を始める。この時期に浄水場で取水する水は、濁度の低いトンレサップ川と濁度の非常に高いメコン河の水が混合したものになるため、1日の間でも水質の変動が他に例をみないぐらいに大きくなる。このため浄水処理が難しいのである。

また、乾期に高温で晴天の日が続くと藻類が激しい勢いで増殖するため、やはり水質管理が難しくなるという。(同上「プノンペン水道公社技術協力報告」)。

職員の学力や意識の低さが課題

横浜市から派遣された工藤は、プンプレック浄水場とチュルイ・チャンワー浄水場の原水と浄水、地方からは、シェムリアップ水道とバッタンバン浄水場の各原水、計6検体試料を横浜市水道局に送り総合分析した。

その結果、地方のみならず、プンプレックとチュルイ・チャンワー浄水場の水質についても日本の水質基準からみると課題があることが判明。早急に浄水処理を改善する必要があることを指摘した。

これら検体を日本国内研修時に横浜市に持ち込んだのが、前述したロン・ナロー副総裁たちである。工藤からの助言に従い、後任の亀海は分光光度計を用いた水質分析の技術移転に取り組んだ。2004年にMIMEにより制定中であった「カンボジア飲料水水質基準」の基準測定項目のうち、水道公社では多くの項目について簡易分析法を用いてモニタリングを行い、精度についての十分な注意が払われていなかった。このため、正確な定量分析の手法を徹底して技術移転するために、分光光度計を携行機材として導入したのだという。

なお、この「カンボジア飲料水水質基準」には、水道公社では測定できない農薬や、重金属が含まれており、これらの項目についてはその後、国際標準機構（ISO）認証を受けた外部のラボに外注して定期的にモニタリングする制度がつくられていった。

こうした指導にあたった専門家たちが、みな一様に驚いたのが、当時の現場職員たちの技術力や基礎学力の低さであった。

水処理技術の加賀田は、「浄水場のオペレーターが計器を正しく読めていない。また、技術移転の対象となる職員ですら、水力学を正しく理解できていない」として、将来、研修講師となるためにはかなりの能力強化が求められることを指摘した。前述の亀海も、「化学、数学などの基礎知識にそもそも不安があり、定量分析の基礎がまったくできていない。また、ベテランと言われる年齢の職員には、特に基礎的な学力の不足が見られる。大学卒でも二次関数を理解していないため、線形近似ができない」と、水質分析以前の問題があることを吐露した。彼らはやむを得ず、比較的教育水準の高い若手の育成に力を入れながら、指導を続けることにしたという。

水質管理および水質分析の工藤は「水質担当職員らは一生懸命自分

の仕事を日々こなしてはいたものの、分析結果を出すことが目的であり、上司に報告すればそれで終了であった。そのため、分析結果を次に反映させるという意識が低い」と指摘する。このように、職員の意識改革がまだまだ必要だったのである。

亀海専門家（左端）から化学の基礎知識を学ぶ水道公社ラボ職員たち
写真提供：JICAプロジェクト

薬品注入率のテスト方法を説明するケオ・ヘン（のちのラボ室長）
写真提供：JICAプロジェクト

水質を汚染する「受水槽」を撤去せよ

　浄水場での浄水処理への指導が続けられるなかで、さらに解決しなければならない問題があった。「受水槽」の問題であった。

　前述の工藤らは、水道公社職員とともにプノンペン市内の水道水の水

質検査を実施し、市内では浄水場から遠い一部の地域を除き、配水管に直結した給水栓からの水は飲用可能であるとの検査結果を出した。しかし、市内の受水槽を備えた住居ではその管理が悪いため、貯めた水が汚染される例が多かった。水道水の「飲めるキャンペーン」を実施するには、汚染された受水槽の管理の徹底が不可欠であることがわかったのだ。この受水槽の問題は、久保田が1999年の派遣当初から問題提起していたものでもあった。

「プノンペン市では、1999年当時、まだ24時間給水になっていませんでした。せいぜい10時間給水しかできていなかった。そこで市民は、断水対策として水が来ているときに1日分の水を確保しようとしたのです」と、久保田は説明する。

プノンペン市内のほとんどの家庭には、地下に受水槽（地下タンク）があった。配水管を割って給水管を差し込み、より低いところに作った自宅の地下タンクへと水を引き込むのだ。そうすれば、仮に配水管の水圧がゼロになっても、受水槽へ最後の一滴まで落とすことができるのである。それをポンプで汲み上げ、屋根の上の高架タンクへ上げておけば、あとは自然に蛇口へと降りてくる仕組みだ。そういう形が当時の一般的な給水形態であった。これはカンボジアのみならず東南アジアで共通しており、ベトナムでもそうだった。しかし、こうして受水槽に貯めた水には大きな問題があった。久保田は続ける。

「日本でも地下は水密コンクリート[4]が難しいのに、カンボジアではできるわけがありません。当然、汚れた地下水が地下タンクへ入ってきますし、停電中には配水管へも入ってきます。それがうまい具合に屋根の上で熱い太陽光で培養され、バクテリアがいっぱいの水が蛇口から出てくるという最悪の状況になってしまうのです」

---

[4] 特に水密性（水の浸入や透過に対する抵抗性）を要求される構造物に使用されるコンクリート。

専門家たちからの指摘により、24時間給水を達成してからは、水道公社が各家庭に備え付けられたこれらの受水槽を地道にかつ強制的に撤去していった。水道管で直接屋根の上の高架タンクへ、つまり水道公社の送水圧力で屋根の上まで水を上げ、地下タンクを経由させない対策が取られたのだ。こうして、受水槽が徐々に撤去されたという。

市内の給水栓水質調査を行う水道公社職員と工藤専門家（右端）
写真提供：JICAプロジェクト

市内の水質調査　　　　　　　　写真提供：JICAプロジェクト

「標準作業手順書」の作成が始まる

　この技プロでは、技術指導のほかにもう1つの大きな狙いがあった。配水、浄水（電気設備、機械設備、水処理）、水質管理の3つの分野

において実務の手順をさだめ、日常的に自分たちで技術的な業務管理を行っていけるようにするための「マニュアル」を整備することである。

ところが、当初は現場の職員にとって、また分野によっても、マニュアルのイメージは一様ではなかった。あらゆる技術的事項を盛り込んだ教科書や参考書、あるいはトラブル発生時の対応マニュアルを思い描く者までさまざまであった。

そこでエク・ソンチャン総裁は、プロジェクトが中盤に入った頃、マニュアルイメージの統一を図った。

「チェックシートとして、誰でもその業務についても見れば実務の手順や手続きがわかるもの」をつくり、水道公社の「標準作業手順書」として確立していきたいという意向が示されたのである。

こうして、配水・浄水・水質管理の各分野ごとにマニュアルの整備が検討され、それを「標準作業手順書」に発展させていくことになった。

水質管理・水質分析の短期専門家の亀海泰子によると、「標準作業手順書（Standard Operating Procedure）」（以下、手順書）とは、その名のとおり、業務の標準化を目的として、職員はこれに必ず従って作業を行わなければならないという、ある種の強制力を持たせたマニュアルと言えるものである。手順書と違った作業手順を取ることは基本的に許されない。言い換えれば手順書は、各担当者が日々の業務を具体的にどのように実施していくのか——その作業手順を詳細に記したものだとされている。

もし手順書の作業手順が現状に合わなくなったならば、手順書の方を変えなくてはならない。手順書は固定したものではなく、使う側みずからが現状に合わせて、繰り返しの見直しが必要となるものだという。

プロジェクトも2年目に入ると、水処理技術分野の専門家である北九州市の加賀田は、浄水場の運転マニュアルや電気・機械設備の維持管理マニュアルの作成に注力することとなる。運転・維持管理といっても、日常的な点検から、トラブルシューティングまで対象範囲は幅広い。

加賀田は、水道公社職員たちと、維持管理マニュアルとはどのようなものか、どのように運用していくかということから議論を始めた。その結果、機械設備では、グリス交換などの定期的な整備についてその方法と頻度を定めた「定期維持管理マニュアル」、日常点検の結果を記録する「チェックシート」、その点検方法を定めた「チェック・マニュアル」、点検による異常や故障時の対応を定めた「トラブルシューティング・マニュアル」の4つを基本にした標準形マニュアルができあがった。この基本に沿って、「配水ポンプ設備」と「取水ポンプ設備」についての維持管理マニュアルが作成された。

　一方、水処理分野では、「工程管理」「薬品注入」「沈澱池清掃（排泥）」「ろ過池洗浄」などのマニュアルが作成されていった。このように浄水場の運転および設備の運転と維持管理に必要なマニュアルについて、作成対象の機械設備や水処理工程と、それらに必要な内容を示したマニュアル体系を整理し、さらに今後完成させなければならないマニュアルの全体像を公社職員とともに明確にしていった。

　加賀田は技プロのフェーズ1の最終段階に再度赴任する。すると、彼にとってとても嬉しい出来事が待っていた。前年度の任期中にプンプレック浄水場に必要な維持管理マニュアルの50％を完成させ、残りの半分は残したままだったのだが、加賀田の不在中に、なんとプロジェクトの中で彼とペアを組んでいた職員たちが、一部を除き自力で作成していたのである。技プロに戻った加賀田は、彼らと一緒にマニュアルを用いたOJTを行いながら作成されたマニュアルの手直し、修正を行い、完成、定着させていった。

　こうして、機械設備、水処理分野、両部門の維持管理については、浄水場運転・維持管理に必要なマニュアル類がほぼ完成したのである。加賀田によると、マニュアルの作成にも時間を要するが、マニュアルに従った運転維持管理を指導するにはさらに多くの時間を要するという。短期派

遣の時間的制約もあり、残念ながら、点検簿や運転日誌の実データなどの運用指導については十分な時間を取れなかったため、後続専門家による継続的なフォローアップを提言している。

上記のマニュアル類は、これらに基づく彼ら自身による職員研修の実施を通じて、水道公社の浄水部門の手順書として徐々に定着していった。

ブンプレック浄水場で水処理技術を指導する加賀田専門家(左端)
写真提供:JICAプロジェクト

同様に、プロジェクトの最終段階では、亀海もマニュアル整備に注力し、水質分野の手順書を整備していった。

手順書の構成としては、中心となる「水質モニタリングマニュアル」の下に、サブの手順書として分析対象ごとの分析手法に関するマニュアルやラボの管理についてのマニュアルなどがぶら下がるかたちにし、改定作業を行いやすいように配慮していったという。

しかも、手順書の基本書式を決定し、今後必要に応じてカウンターパートが自分で付け加えていけるようにした。また、今まで作られたマニュアルには含まれていなかった、責任体制、品質管理、安全管理、人材育成などの視点を導入し、文書に盛り込んだ。さらに、試薬台帳および機材台帳の整備も専門家の指導により進めていったのである。

ほかにも、これまできちんととられていなかった分析記録を、それぞれの分析項目ごとにノートを1冊ずつ用意して記録し、それを職員全員で共有

するなど、さまざまなルールを定めていった。

専門家は指導するだけ、作成は公社職員の手で

　当時の「標準作業手順書」作成における日本人専門家としての関わり方について、久保田が意外な事実を明かしてくれた。エク・ソンチャンが特に重視した手順書であるが、久保田をはじめとした日本人専門家自体は、手順書を一切書いていないのだという。

　「一番駄目なことは、日本人専門家がダーッと書いて、はい、これをやりなさいと言うことだと思っていました。それでは、手順書が継続されるはずなどないからです。私がやったのは、現場ではこういうことをしなさい、こういうことをやるのですよと実際にやって見せ、水道公社職員みずからに手順書を作らせること。英語で書いてもらい、できた手順書をチェックするようにしました。要するに手順書は、彼らができることを彼ら自身で考え、文章化したものなのです。だからこそ、この手順書には継続性があるのだと私は信じています」

　日本人専門家の中には、みずからが手順書を書いた部分も多少はあったかもしれない。しかしながら基本姿勢は同じだった。どうしても水道公社職員には書けない部分があったから、聞いたことのない難しい技術について日本人専門家が書いた部分があったかもしれない。

　それでも大原則は、日本人専門家がベースとなる技術やアイディアを提供し、水道公社職員みずからが日頃やっていることをきちっと文章化し、さらに専門家がアドバイスをするというかたちだった。手順書ができるまでにはかなりの時間を要したという。しかしそのおかげで、改定する場合も彼ら自身の手で作成することができたのである。

　でき上がった手順書は、確かに日本人専門家から見ると、細か過ぎるところもあるという。しかし、技術的に間違っていなければ、それらを承認してきたという。

「例えば、朝来たらまずこれをするとか、次にヘルメットをかぶって安全靴をはくとか、そんな細かなことまで書く必要があるのかという思いはありました。でも、否定するようなことではなかったので、それはそれでよしとしました」と久保田はいう。

すべての業務を手順書に沿って実施

こうして手順書は技プロのフェーズ1の後半になってから、水道公社で本格的に取り入れられていった。プロジェクトで作成を支援した分野は、配水、浄水（電気、機械）、水質分野などであったが、その後、水道公社独自にそれ以外の分野に波及させていったことは特筆に値する。

「標準作業手順書」の導入を要望したエク・ソンチャンみずからが、その成果をこう評価している。

「技プロでは、本当に素晴らしい成果が出ています。なぜなら、水道公社の多くの業務の手順書が作られたからです。それがとても大きかった。あの頃、私は本当に心配していました。せっかく拡張工事を終えたばかりの浄水場が壊れてしまったらどうしようかと、凄く怖かったのです。水道公社の技術者は、残念ながら、どうやってこのような浄水場を維持管理すればよいのかわからなかったから。それが、技プロを通じて、きちんと運用できるように人材育成がなされ、手順書もでき、毎日、毎週、毎月のチェックシートもできた。これまで不安だったことがすべて解消されたのです。すべての業務が、きちんとした手順である手順書に従って行われるようになったのです。何もできなかった人間が、手順書によってきちんと業務ができるようになったことが、このプロジェクトの最大の成果だったと考えています」

また、エク・ソンチャンは、手順書が職員のイニシアティブで組織横断的に広がり、いまや水道公社のあらゆる業務管理の核になっていることを誇らしげに語る。

「2005年に浄水場のオペレーションの手順書ができました。これは、

JICAの技プロでの協力の一環で最初にできたものでした。この浄水場の手順書ができたあとに、われわれは、順番にあらゆる業務の手順書を作り始めたのです。

　JICAの技プロでは、浄水場を中心として、水道事業の約半分に相当する手順書を作っていったのですが、その後、私たちはそれらの手順書の真似をしながら、自分たちでその他の業務の手順書を作っていきました。

　このようにして、水道管のチェックの仕方、水道メーターの管理の仕方など、あらゆる業務の手順書を作り上げていったのです。私のオフィスに来ていただければ、これらの手順書をすべて見ることができます。

　この点こそ、水道公社が、他の組織とは違うところだと思っています。学習した水道公社の職員たちがどんどん育っていってくれたのです。このことは、カンボジアの他の組織だけではなく、他の国とも異なるところかもしれません。これが私たちの特徴だと思っています。

　他の多くのプロジェクトでは、専門家がいる時にはできるのに、いなくなるとできなくなってしまうということが往々にしてあるようです。

　われわれのこの特徴こそが、水道公社の主体性（オーナーシップ）なのだろうと私は思っています」

　このようにして、2000年代末までには、技プロで支援した技術分野以外の財務・会計、営業などのあらゆる部門において、水道公社の職員みずからが自主的に手順書の作成を行い、業務の品質管理と点検の標準システムとして導入するようになっていったのである。

　このことこそが、まさに水道公社の改革の総仕上げと呼べるであろう。

研修センターでの人材育成が本格化

　これまでみてきたように、この技プロでは、まず2003年からは、プンプレック浄水場の拡張工事の完工で整備された施設の運転・維持管理に必要な技術をOJTで実地に指導するため、各セクションの業務分掌を整理し、

そのうえで、漏水・盗水対策のモニタリング、安全な水の24時間給水のための土木（配管・配水）の維持管理、浄水場の電気・機械設備の維持管理、水処理・運転操作、水質管理などの体制の構築支援がなされていった。

また、2004年以降は、各分野で日本人専門家が関わり合いながら、水道公社における業務の標準管理システムとしての「標準作業手順書」の導入への支援が始められていった。

実際の手順書の作成プロセスでは、各専門家とペアを組んでいる各分野の水道公社の職員たちが、業務を点検しながら、作業手順の書き下ろしを通じて、問題発生時のトラブル対応と、未然にトラブルを予防するための対策なども検討していったのである。

チーフアドバイザーの山本によると、このプロジェクトでは、長期・短期の専門家による日々のOJT指導と、水道公社職員らに対する日本（主に北九州市）での研修を密接に連携させている。最初に日本国内で研修を受けた部課長クラスの職員は、帰国後、実際の現場で専門家からのOJTを受けて能力の向上を図り、次に、この職員が中心的講師となって研修センターで一般職員を対象に講義を行うという構図で、人材育成が本格化していった。

この技プロでは、水道公社の研修センターにおける、公社職員ならびに地方の水道人材向けの研修体制の強化も大きな目的であった。このため、各分野の職員のなかから、トレーナーズ・トレーニング（TOT）を通じ、研修センター講師を育成することにも力が入れられたのである。山本は、各技術分野の専門家に対しても、担当職員向けのOJT指導のみならず、研修講師に対する講義内容や教材に関する助言も行ってもらえるよう腐心していた。

こうして、研修センターは、専門家からの指導によって、講師陣の技術面の指導力アップを図り、あわせて、タイの水道技術訓練センー

(NWTTI)でのトレーナーとしての教授法などの研修を通じて、職員の能力アップを目指すこととなった。実際に、部課長クラスの職員たちは、研修の実施を通じ実践経験を積んでいった。

部課長クラスの研修講師を育成する（左上から「プレゼンテーションスキル研修」、「漏水探知TOT研修」、「人的資源開発セミナー」）
写真提供：JICAプロジェクト

また、ビソット現副総裁が北九州市や横浜市での人事考課に関する研修をもとに、みずから主導して、水道公社の「人材育成システム」を制度構築し、導入したのもこの時期であった。例えば、水道公社の人事課は、職務分野に関する手順書に基づいて実施される研修計画が定まると、各部署に受講者の選定を依頼して決定し、指名された職員は総裁の承認に基づく業務命令として研修に参加する。業務命令なので受講態度は熱心だ。また、職場では業務成果を人事評価され、所定の試験

に合格しない場合には給料がカットされるが、反対に成績優秀者には、公用車などが提供される、というような「アメ」と「ムチ」の制度にも発展していった。

真剣な表情で試験に取り組む（水道公社研修風景）
写真提供：JICAプロジェクト

　山本によると、1999年に世銀の支援により施設整備された研修センターには、技プロが始まるまでは、外部講師への謝金支払いや教材資料の配布などの事務機能しかなかったが、プロジェクトを通じて研修ニーズ調査・計画策定、研修運営管理・評価の機能をもつ実質的な研修室に発展していった。こうして、日本からの「技術移転」は、組織内部の業務や人事評価・育成に密接に結びつけられていったのである。

各分野に自信・自覚をもつ専門家が育つ

　1999年に水道公社へ短期専門家として最初に派遣された久保田の印象どおり、水道公社の職員は、その後のテレメーターシステムの導入と漏水・盗水の監視体制づくりへの支援、またこの技プロによる実務の指導と手順書作成支援など、7年に及ぶ実地指導を通じて大きく成長した。日本人専門家から必要な技術と知識を学ぶだけではなく、「仕事のやり方」までをも吸収していったのである。そして、水道公社内にいくつもの専門集団を形成していった。

水道公社職員向けに「標準作業手順書」に基づく浄水場の運転・維持管理基礎研修も始まった　　　写真提供：JICAプロジェクト

　久保田は、「この水道公社の職員であれば、教えたことをきっちり守ってくれるというのは、当時関係した専門家らの共通の見解ではなかったかと私は思っています」と語る。

　久保田の応援で駆けつけたことのある電気技術者の高山一生によれば、2001年頃からすでに「電気分野チーム」や「土木分野（配管・配水）チーム」などの緩やかなチーム体制があったとのことである。特に、土木分野の専門人材はそれなりに育ち始めており、しかも、わずかではあるものの現在の浄水・配水部の配水担当副部長のペン・ティーなど、専門家レベルに近い職員も育ってきたと語る。ちなみに、電気分野チームは

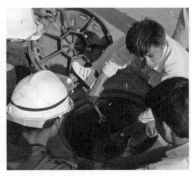

配水管理の実技指導を行う久保田専門家　　　　　　　　　　　　写真提供：JICAプロジェクト

人数も4〜5名と少なかったという。

ただし、これらのチームが本格的に機能するようになるまでには、時間がかかったと久保田は言う。

「漏水モニタリングに関しては、誰が漏水修理の担当で、誰がこの地区の担当かというようなことが明確になっていったのは、テレメーターシステムが完成し、きちんとモニタリングができるようになってからだと記憶しています。エク・ソンチャン総裁は、その頃から、例えば漏水率の結果で担当のチームを評価するようになっていきました。専門集団としての『チーム化』というものが進んだとすれば、ちょうどその頃からだったと思います」

データに基づき漏水・盗水対策の戦略を立てられるようになってからは、それまで何となく市内をダラダラと歩き回っていた職員も、今日はこっち方面

図表4-2　テレメーターシステムの構築と漏水率（無収水率）の低減

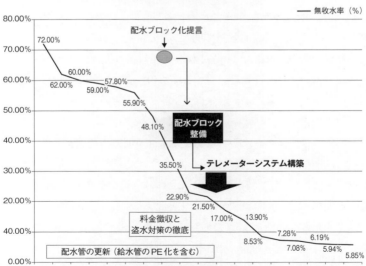

出典：久保田氏提供資料およびPPWSA資料をもとに筆者作成

に行こうというように目的をもって行動するようになり、漏水対策なども変わっていったという。その頃、郊外地区を含む市内の給水普及率は90%に近づいていたが、無収水率はテレメータシステムの設置の完了した2003年には20%を切り、2005年時点でついに一桁レベルを達成した。

亀海も、プロジェクトを通じてカウンターパートの技術力と指導力が、格段に向上したと報告している。

「プノンペン水道公社の職員研修は今年で3年目を迎え、カウンターパートはかなりトレーナーとしての力をつけたことが見て取れる。本年カウンターパートが受講したトレーナーズトレーニング（教授法についての講義）が効果的だったようで、教授法にも工夫が見られる。まだ技術的に劣る地方水道の現状を知ることにより、トップランナーとしての自覚もでき、自信がついたようである。また、分析技術の標準化およびその確実な定着が行われた。手順書を作成したことにより、今後の継続性も担保されたと考えられる。また安全な水を配るという水道で最も重要な責務についての認識が高まり、仕事に対する目的意識が向上した」

生物担当の職員も新たに指名され、藻類対策も進められた。亀海は、エク・ソンチャンの水質管理に対する理解の深まりと、水質向上と保持に関する活動への肩入れが、成果につながっているという。

「トップランナー・キャッチアップ方式」による地方人材育成

技プロを通じた人材育成の結果、水道公社に専門集団が形成されるようになったことで、技プロ当初の想定どおり、水道公社の専門人材による地方人材の研修・指導活動が現実化を帯びてきた。

水道を管轄する政府組織の弱さが地方都市での水道改善のネックになっている、と状況を判断した山本が考えたのが、「トップランナー・キャッチアップ方式」であった。すなわち、施設の改善が進み、エク・ソンチャンという強いリーダーのもとで人材もそろってきたプノンペン水道公社の能力

向上を図り、トップランナーとして育つよう支援する。そのトップランナーである公社職員の力で地方水道局、そして第二ランナー、さらには第三ランナーの能力向上を図ろうという戦略である。この戦略に沿って、公社の部課長を中心とした、研修講師の育成が進められてきたのである。

また実際に、地方水道人材の研修計画作成のための地方調査を行う中で、専門家、水道公社職員とも、地方水道がかなり深刻な状況にあることを改めて認識していった。例えば、浄水場については、資金不足により薬剤の購入が困難なことに加え、職員数の不足、しかも教育体制の不備による知識の欠如など、問題は山積みであった。また水質についても、「飲料水水質基準」を満たすことは絶望的であった。

プロジェクトへの投入資金や現実的な時間的制約のなかで、2005年よ

地方水道職員向けに実務を教える水道公社の研修講師たち（左上から「水道管補修研修」、「浄水場運転維持管理研修」、分野横断の必修科目となった「水質管理研修」）　写真提供：JICAプロジェクト

り水道公社において公社職員が講師となり、配水管理、水処理・水質管理、財務・人事管理などの分野における計13コースの研修が実施され、13の地方水道事業体の延べ207名の職員が参加した。また、この中で、日本の無償資金協力によって2005年12月に本格稼働を開始したシェムリアップ浄水場の新規職員向け特設研修も行われた。

　技プロを通じた地方人材の育成に関して、久保田が当時を振り返る。

　「地方人材の育成については、技プロの後半で、毎年のセミナー開催に加えて、私たちはできるだけのことをしました。漏水対策を地方にも、ということでしたので、最低限の供与機材を持って、水道公社の専門人材である職員を連れて対象の8都市を回りました。それと同時に、水道公社で新しい研修コースを立ち上げました。実は、これは水道公社内の研修も兼ねていたのですが、水道公社の職員らと一緒になって、各地方水道の担当職員にもその研修に参加してもらうというものでした。ただし、これはあくまでも教室型の研修でしたので、その結果がどうなったのかというところまでのフォローができませんでした。それもあって、OJTを通じた地方の人材育成のために、技プロのフェーズ2を実施してもらおうということになりました」

　確かに、活動は限定的であったものの、この技術協力プロジェクト（技プロ）のフェーズ1の実施を通じて、山本チーフアドバイザーは、トップランナーであるプノンペン水道公社（PPWSA）の専門人材による地方水道局の人材育成が、カンボジアにおける地方人材の育成にとって非常に望ましい姿であることを改めて確信した。

　それを踏まえて山本は、技プロのフェーズ2の戦略として、トップランナー（PPWSA）を育てて、地方水道局のキャッチアップを支援できるようにする「トップランナー・キャッチアップ方式」による人材育成を、明示的に提唱していく。つまり、技術が誰から誰に伝わるべきなのかを明確にしたのである。言い換えれば、独走するトップランナーとしてのPPWSAは、地方

の上水道開発のモデルであるとともに、第二、第三ランナーになれるよう地方水道を指導する組織としても位置づけられたのである。

「この技プロのフェーズ1が、1993年より日本が中心的に援助してきた首都プノンペン市の上水道開発と、1996年より支援を開始した地方都市であるシェムリアップ市の上水道開発の2つの援助を結びつけた。また、これまでの援助による成果（PPWSAの施設、人材、組織）を活用して地方水道の開発を進めるという方向性が示されたという点で、日本の上水道分野での支援の1つの転換点となった」

プロジェクトリーダーとして技プロを牽引・統括してきた山本は、自負をもって語った。

エク・ソンチャン総裁とプロジェクトの課題を協議する山本チーフアドバイザー、木山専門家、眞柄泰基先生　写真提供：JICAプロジェクト

こうして2006年10月、「カンボジア水道事業人材育成プロジェクト（フェーズ1）」は終了した。翌年4月には技プロのフェーズ2として、地方人材の育成を支援する新たな技術協力プロジェクトが開始された。

日本人専門家から何を学んだか

PPWSAの幹部職員は技プロを通じて、日本人専門家から何を学んだのか。日本の技術や知識を自分のものとし、その後公社副総裁の要職に就いた4名の幹部候補生は、技術面に留まらず、仕事の仕方や姿勢など

にも相当影響を受けたと口を揃える。これを彼らの言葉で語ってもらった。

「日本人専門家たちは、最初は教師としてやって来て、必要な資料を作ってくれました。その後、専門家は仕事を一緒にやってくれました。それから、自分たちに指導もさせてくれました。ですから、私たちは、最初は勉強をさせてもらい、最後には専門家としてもやれるようになったのです。このようにして、私たちは、自立をさせてもらいました」（ソビチア副総裁）

「管理職研修」で水道公社職員と議論する～ソビチア副総裁
写真提供：JICAプロジェクト

「JICA専門家を通して、日本人の仕事の姿勢を学ぶことができましたし、さまざまなことを勉強することができました。理論だけではないスキルや実務を学ばせてもらえたことが大変重要だったと思います」（ビソット副総裁）

「水道事業体の役割研修」で教壇に立つ～ビソット副総裁
写真提供：JICAプロジェクト

「当時は、寝る暇もないほど本当に忙しかったです。昼も夜も働きづくめでした。このような働き方ができたのは、JICA専門家や北九州市水道局の人たちの仕事に対する姿勢を見て、自分なりに学び、身に着けてこられたからです。

もしこのような意識の職員らがいなければ、この組織もここまで早く発展はしなかったのだと思います」（ブッチャリット元副総裁）

ネパールから受け入れた研修生に修了証書を渡す〜ブッチャリット元副総裁（現シェムリアップ水道公社総裁）（左）　写真：野中博之

「日本の支援、特にカンボジアの水道分野に対する支援はとても意味深いものだったと思います。この支援というものは、本当に私たちに親密に関わってくれて、仕事全般そしてモラルといった部分も含めて、私たちの

いまも率先して現場に立つ〜ロン・ナロー副総裁（中央）
　　　　　　　　　　　　　　　写真：野中博之

強固な基礎を作ってくれました。そして、奥深いところまで支援をしてくれたお陰で、水道公社は自立できるようになったのです。今では私の中に、日本人の血が流れているような気がしています。なぜなら私の仕事の仕方や姿勢など、すべてにおいて日本がモデルとなっているからです」（ナロー副総裁）

　最後はやはり、エク・ソンチャンに登場してもらおう。彼は、技プロのフェーズ1で成果が出た理由について次の3つを挙げた。
　「1つ目の理由は、日本から来られた技術専門家の皆様が、自分たちの持っているものをすべて出してくれたからだと思います。そのことに対しては、本当に心の底から感謝しています。
　2つ目の理由は、学んだことを私たちが厳重にチェック（点検）してきたからだと思います。教えてもらったのですから、それに基づいてきちんと実施できているのかどうかということを、私たちは厳しくチェックしてきました。
　3つ目は、学んだ職員が良く育ったからだと思います。例えば、浄水場の管理について言えば、以前であれば、壊れる前に対応できたのは偶然に過ぎませんでした。もちろん、きちんとした保守点検が行われていませんでした。しかし、学んだあとでは、事前に察知をしてあらかじめ対処をしておくことができるようになったのです」
　以上のとおり、水道公社の成長と自立は、まさに、日本人専門家らと水道公社幹部、職員との間の相互作用のなかで生み出されていったものなのである。
　なお、この技プロ終了後の2009年時点におけるプノンペン水道公社（PPWSA）の目覚ましいパフォーマンスのデータを以下に示しておく。まさに、『プノンペンの奇跡』と呼ばれる所以でもある飛躍的な向上を示すデータである。

図表4-3　PPWSAのパフォーマンスの変遷（1993年、2006年、2009年）

指標	1993年	2006年	2009年
1,000給水栓あたりの職員数	22	4.0	3.2
水供給能力 ㎥/日	65,000	235,000	300,000
準拠する水質基準	不明	WHO水質ガイドライン	WHO水質ガイドライン
給水普及率	25%	90%	90%
給水時間	10時間/日	24時間/日	24時間/日
配水管網水圧	0.2bar	2.5bar	2.5bar
接続数	26,881	152,690	191,092
無収水率	72%	7.28%	5.94%
水道料金徴収率	48%	99.8%	99.9%

出典：PPWSA資料をもとに筆者作成

『プノンペンの奇跡』を他の地方都市へ

　2006〜07年頃には、PPWSAの改革がほぼ最終段階に入り、この頃までには、エク・ソンチャン総裁の宣言どおり、給料も順調に10年以上の連続アップを達成し続け、PPWSAのパフォーマンスには目覚ましい進展が見られた。

　技プロによる水道公社での活動は、専門家のOJTを中心とする現場重視型の指導と、「標準作業手順書」の作成を通じた人材育成と、移転された技術の組織への吸収のプロセスであった。これらの過程では、職員たちの基礎能力の課題もあり試行錯誤が続いてきた。しかし、職員たちが業務を点検しつつ、みずから作業手順を書きおろしていくことで、各セクションの技術管理体制の構築につながり、手順書は支援分野を越えて自発的に波及拡大し組織に定着していった。また、研修指導者の育成は、水道公社の職員に「トップランナー」としての自信と自覚をも与えていった。

　『プノンペンの奇跡』の観点から技プロによる取り組みを振り返ってみよう。マスタープランを指針とする初期の改革が行われ、公社化による独立的な裁量権を得たのち、施設の更新・拡張から新設の設備の状態を自己

診断できる技術（テレメーターシステムによる漏水モニタリング）の導入にシフトした改革展開期を経て、満を持して技プロが開始されている。JICA専門家らによる、施設運転・維持管理のための実地のOJTを中心とした人材育成なしには、どんな立派な浄水場や配水管施設・設備等が完成したとしても、継続的な維持管理をしていくことはできなかったであろう。組織を最終的に成功に導くものは"人"なのである。

　なお、PPWSAに対しては、先行して日本の無償資金協力や技術協力が行われたタイ水道技術訓練センター（NWTTI）からの専門家派遣や研修員受け入れが90年代より行われ、技プロには、NWTTIでの研修や、その他近隣諸国の水道事業体や研修機関への視察訪問が計画的に組み込まれた。チーフアドバイザーを務めた山本によると、当初、先行案件としては、タイ以外にも、インドネシア水道環境衛生訓練センターやベトナムでの建設第二大学校（上水道技術訓練）などでの研修が検討されたが、最終的にベトナムの研修所内の漏水探知ヤード視察が組み入れられたという。

　1992年より、マスタープラン策定調査の事前調査団の総括を務めて以来、カンボジアの水道分野での援助に継続的に関わっている眞柄泰基（第2章参照）は、「これらの研修や視察を通じて、エク・ソンチャンと隣国の水道事業体の総裁クラスとの交流が生まれ、彼らがいかに日本のODAを活用しながら水道整備をしていったか、人材育成のために何が必要かを知り、人材育成によって得られる事業の持続性の意義を確信していくことにつながった」とみている。人材育成こそが、他の開発途上国においても大きな課題の1つになっているのである。

　また、眞柄は、PPWSAに対する援助は、これらの関係者にとっても水道事業や技術移転の専門家として活躍できるような成長の場であったと指摘する。先行するタイ、インドネシア等での協力に続き、PPWSAに対するマスタープラン策定、後続する累次の無償資金協力、専門家派遣や技

術協力を通じ、日本側も多くの政府関係者（JICAを含む）、専門家や企業関係者が参画した。

　特に、水道事業の計画・建設・維持管理の中枢を担う地方自治体の水道局職員が中心となって人材育成支援が展開され、途上国側の水道事業体職員とともに教材開発を行うなど、技術移転能力をもつ援助専門家集団が自治体内に形成され、若手の技術継承者が育成されてきたことに着目すべきだという。

　PPWSAへの支援においても、タイでの専門家経験を積んだ東京都出身の芳賀秀壽（第2章参照）、インドネシアへの派遣から援助事業に足を踏み入れた北九州市の久保田和也（第3章参照）をはじめとする自治体出身、現職の専門家の活躍が大きい。

　これらの水道人材育成で先行する近隣国との交流、日本側関係者の経験蓄積と専門家集団のバックアップのもとで行われた一連の支援がオーナーシップ（主体性）の醸成と強化につながり、PPWSAは、みずからの確立した技術と知識を用いて、地方水道の改革・改善のために貢献する使命をも認識してゆくのである。

　このようにプノンペン市ではPPWSAによる安定経営のもと、安全な「水」を着実に市民へ供給できるようになった。しかし、カンボジアのほとんどの地方都市では、いまだに1993年時点のPPWSAに近い状況から抜け出せていないのが実情である。こうした現状を何とか打破できないものか――エク・ソンチャンの模索は今も続けられている。

NOTE 5	ロゴマークと"水の女神"

　プノンペン水道公社（PPWSA）のロゴマークの中央には、水に所以のある女神として知られる「プラ・メー・トラニー」（母なる大地の女神）が描かれている。

　「お釈迦様（ガウタマ・シッダールタ）が悟りを開くため菩提樹の下で瞑想中、それを妨げようとした魔神マーラ（煩悩）が軍を釈迦に差し向けたところ、釈迦は手の指を地面について、"大地の女神トラニー"を呼びおこした。するとトラニーは、釈迦が前世に積んだ徳を水に変え、みずからの髪の毛から絞り出して洪水を引き起こし、マーラ軍を撃退した。そして、釈迦は悟りを開きブッダ（目覚めた人）となった」という逸話が残っている。

　プノンペン水道公社副総裁のサムレット・ソピチアによると、水を出して花を育てている姿を表しているのだという。

　「花にはいろいろな色がありますが、これは世界のいろいろな国、いろいろな人や人種を表しています。水が、それを救っているのです。その人たちは、みな平等に水を授かることができるのです。このように水というものは『救いの水』であり、私たちはこの精神を実行しているのです」

　水道公社の幹部職員たちは、「一人は万人のために、万人は一人のために（One for All, All for One）」という言葉を座右の銘にしている。

PPWSAロゴマーク

PPWSA敷地内に設置された「大地の女神トラニー像」
写真：野中博之

エピローグ

人口の急激な拡大に対応する

　JICAの支援により1993年に策定されたプノンペン水道事業の長期整備計画（マスタープラン）目標は、2010年の目標年度に先立ち、2000年代中盤までには早期達成が見込まれていた。しかし、プノンペン市の経済発展にともない、市街地のみならず、郊外地区や隣接するカンダール州における都市化が進み、水需要量が急拡大していた。大プノンペン圏における給水量と給水領域の拡大への対応がプノンペン水道公社（PPWSA）の急務となってきたのである。

　このため、2006年には再びJICAの支援により、2020年を目標とするプノンペン市の「第2次長期整備計画（第2次マスタープラン）」が策定された。

　第2次マスタープラン策定支援のための事前調査団団長を務めた安達一[1]が、当時を語る。

　「この第2次マスタープラン策定調査では、需要予測などは、PPWSAの資料・情報や彼らの意向に基づいて行われました。93年のマスタープランよりも正確な計画策定になったと思います。また、93年当時とは異なり、PPWSAにオーナーシップがあり、計画内容をしっかりと押さえていました。

　プノンペン市には長期の都市開発計画がなかったため[2]、水道公社に求められている給水領域の拡大ニーズにともなうかたちで、水道事業の拡張計画を作らざるを得ませんでした。調査団としては、ある程度、意図的にPPWSAのサービス領域をプノンペン市の行政区域外にも広げるよう提案をしました」

　本来であれば、農村開発省による村落給水所掌範囲である地域も含[3]

---

1) 安達は、この分野の事業をJICA本部で担当する前は、2001年から2003年にかけてカンボジアの経済協力の窓口機関であるカンボジア開発評議会へ援助調整専門家として赴任していた。
2) 2004年7月頃までに、パリ市（仏人専門家）の支援により、2020年に向けたプノンペン市の都市計画マスタープランのドラフトが作成されたが、プノンペン市側はこれを採択せず、たな晒しとなっていた。
3) PPWSAは、世界銀行（WB）の資金により調達した配水管を活用し、以前は都市水道のなかった空港の西側の地域にもすでに戸別給水サービスを広げていた。

めながら、プノンペン市の西側の外郭道路までの領域を都市給水の計画範囲に含めたのである。また南方のカンダール州のタクマウ市は、民間ベースの緩速ろ過施設（給水設備）の浄水能力が十分に市内をカバーできていなかったうえ、プノンペン市の通勤圏でもあったため、ここも給水領域に含めることにした。さらにベトナム・ホーチミンにつながる国道1号線、シハヌークビルに続く3号線、4号線に沿った工業化・商業化の進んだ地域や、バイパス沿いの工場地帯なども計画範囲とした。

配水管網は郊外地域に拡大している　　　　写真提供：PPWSA

　一方、給水量の増加にともない、2004年頃には下水処理が深刻な問題として浮上してきた。宅地開発によって北部および南部の調整池の埋め立てが進んだために、浄化能力が著しく損なわれてしまったのである。そこで、第2次マスタープランでは、調整池消失の危険性を分析し、将来的な雨水排水とあわせた排水能力と水質浄化能力の分析も行うことにした。これは、プノンペン市で横行する不法な埋め立てによって生じ得る危機的状況に対する警告の意味もあった。

　実際、このマスタープラン策定調査中には、南部の湿地帯での不法な開発を止めるよう、JICAはプノンペン市に対し働きかけを行っている。その結果、プノンペン市は南部地域を保全エリアに指定し、2008年頃には開発を凍結させることになったのである。

エピローグ

　JICAの技術協力プロジェクトのチーフアドバイザーを務めてきた山本敬子は、この第2次マスタープランが、特に、すでに動いていたフランスのチュルイ・チャンワー浄水場拡張事業の動きを取り込みながら完成できたことや、日仏協調の円借款による新たなニロート浄水場建設に結びつけられた点を評価する。

　ニロート浄水場の第一期工事は、日本（JICA）とフランス（フランス開発庁：AFD）の協調融資によって進められ、2013年6月に竣工した。ま

図表5-1　PPWSAの給水域の拡大（1993-2009年）と2015年および2020年に向けた拡張計画目標

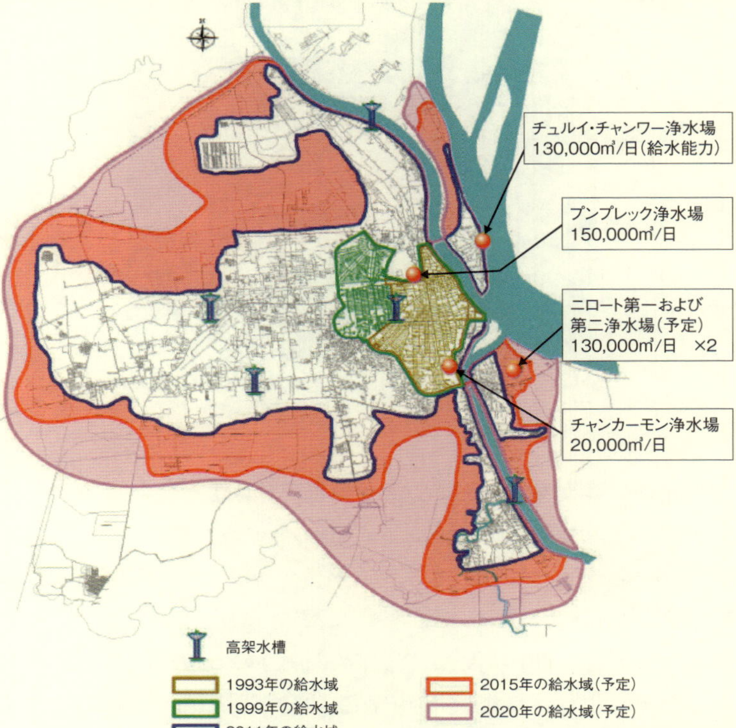

チュルイ・チャンワー浄水場
130,000㎥/日（給水能力）

プンプレック浄水場
150,000㎥/日

ニロート第一および
第二浄水場（予定）
130,000㎥/日　×2

チャンカーモン浄水場
20,000㎥/日

高架水槽
1993年の給水域
1999年の給水域
2011年の給水域
2015年の給水域（予定）
2020年の給水域（予定）

出典：PPWSA資料をもとに筆者作成

た、第二期工事(2014〜2017年)はフランスの融資によって始まっている。

　日本とフランスの継続的支援により、プノンペン市内の水道普及率は、1993年から2011年までの間に4.5倍に向上。拡大する対象人口の9割をカバーしている。もちろん、24時間給水を実現するとともに、無収水率も2006年には8％、2011年には6％を切り、さらなる配水網の延伸も進んでいる。

　プノンペン市の人口は、93年当時の70万人から現在は150万人を超えるに至っている。近郊地域を含む大プノンペン圏の人口拡大や商業施設の拡大は急スピードで進んでおり、PPWSAは現在、大きく広がった配水管網全体に行き渡る安全な水の安定供給という、さらに困難な課題に取り組んでいるところである。

住民集会を開催する〜水道サービスの仕組みを説明するPPWSA職員
写真提供：PPWSA

地方水道事業改善をめぐりJICAと世界銀行が対立

　PPWSAの担当するプノンペン市と、その他の地方都市との格差はまだまだ大きい。プノンペン市の水道施設整備が一段落した2000年代初期より、PPWSA自身も、地方水道事業の改善への貢献を考え始めてきている。地方水道事業の状況と、PPWSAの関与のあり方を巡っておきた議論の経緯を紹介し、これからのPPWSAの役割とJICAの協力について考えてみたい。

地方都市での水道事業は、鉱工業エネルギー省（MIME）による直営（公営）形態と、MIMEの認可を得て民間企業が実施する形態の2方向から行われてきた。2000年当時の調査によると、無収水率は、比較的施設の新しい民営水道でも平均22％、公営水道では平均42％もあり、バッタンバンやシェムリアップなど4つの主要都市の水道事業体の無収水率は50％を越える状況だった。多くの地方水道事業体は、経営や施設の老朽化と劣悪な管理、時間給水、不適切な浄水処理、料金の低徴収率、技術者の不足などの多くの課題を抱えていたのである。

地方都市水道への日本からの支援は、1996年のシェムリアップへの支援を皮切りに始まった。まず開発調査を実施したが、途中、1998年の武力衝突により中断され、のちに再開するなど紆余曲折があった。最終的には、日本は、2005年12月に無償資金協力によりシェムリアップ浄水場を完成させている。

世界銀行（WB）は、シハヌークビルの水道施設整備を実施し、2003年に完成させている。WBはまた、2003年から民間企業による中小規模の地方水道の整備を開始している。他方、アジア開発銀行（ADB）は地方6都市（バッタンバン、プルサット、コンポントム、コンポンチャム、カンポット、スバイリエン）の施設整備を実施し、2007年7月頃に整備を終了させた。

当時の地方水道事業の大きな課題は水道料金の未払いにあったが、驚くべきことに大口の未払い者は政府関係事務所であった。地方都市では政治の影響力が強いため、残念ながら清廉な水道管理者が存在しにくい環境が生まれていた。2007年にシェムリアップ水道局が公社化されるまでは、PPWSAのように、MIMEから独立した経営権限を与えられた公社が存在していなかったのである。

2004年フン・セン首相の意向もあり、PPWSAがプノンペン市からMIME傘下へと移管されることとなった。このことは、MIME傘下の地方都市の浄水場の運営・管理に関し、PPWSAが何らかのかたちで指導に

積極的に関わるべきだと考えていたPPWSA自身の意思に沿うものであると と同時に、支援を継続する日本側の意向を踏まえたものであった。

ところが、間もなく地方都市における公営水道の事業改善方法とPPWSAの役割を巡り、MIME（WBが支援）とPPWSA（日本/JICAが支援）との間で、考え方の違いが明らかになってきた。

山本によると、当時PPWSAと日本側は、改革支援対象の地方水道局を選び、経営が改善するまではPPWSAが直接経営と事業運営に関与し、改善後順次公社化させていくという改革案を提案していた。これに対してWBは地方分権化を推奨しており、PPWSAによる直接的経営はこの流れに逆行するとして異論を唱え、むしろ水道事業体の外国資本も含む「民営化」を推進しようとしたのである。

この議論は大いに白熱したが、カンボジア側のみずからの判断の中で着地点が見出された。2005年11月にJICAの招聘によってエク・ソンチャン総裁とともに日本を訪問したMIMEのメン・サクティエラ水道部長が、地方自治体による公営事業としての水道事業の成功事例を目の当たりにし、「民営化」支持一辺倒から地方分権とも整合する「公社化（公営事業）」の支持派に移行したのだった。

一方で、PPWSAが考えていた、PPWSAが地方水道の経営自体を担いながら事業を改善する方法は受け入れられず、PPWSAには技術上の支援と助言の役割のみが求められることとなった。

2007年JICAは、技術協力プロジェクトのフェーズ1より目指していた「トッププランナー（PPWSA）・キャッチアップ（地方水道局）方式」（第4章参照）による地方水道事業支援を本格化するため、新たな技術協力プロジェクトのフェーズ2（2007〜2012年）を北九州市とともに開始した。

MIMEからの要請によるこのフェーズ2の技術協力では、8つの地方水道局（シェムリアップ、バッタンバン、プルサット、コンポントム、コンポンチャム、シハヌークビル、カンポット、スバイリエン）に対する水道人材育成活

動において、PPWSAが正式に指導のパートナー（コンサルタント）という立場で、具体的な研修コースの企画運営を行うとともに、講師として参画することとなった。

　JICAは、無償資金協力による、地方都市の浄水場（バッタンバン、コンポンチャム）や配水管網（バッタンバン、プルサット、シハヌークビル）などの施設改善にも協力を展開している。また、2012年11月からは、技術協力プロジェクトのフェーズ3（2012～2017年）において、再びPPWSAをパートナーとして、地方水道事業の経営面の改善を図るための新たな技術協力を開始した。

図表5-2　PPWSAを通じた地方水道支援の展開

8つの地方公営事業体を中心に支援
シェムリアップ、バッタンバン、プルサット、コンポントム、コンポンチャム、シハヌークビル、カンポット、スバイリエン

カンボジアの地方水道支援分野のJICA協力	PPWSAの役割
水道事業人材育成プロジェクト・フェーズ2(2007-2012年) フェーズ3(2012-2017年)	指導パートナー
配水システム更新・拡張計画(無償資金協力)(2010-2013年)	サブ・コントラクター
シェムリアップ上水道拡張事業(有償資金協力)(2012年-)	側面支援

出典：JICA資料をもとに筆者作成

　今後のカンボジア全国の水道事業の改善に向けては、地方都市ごとの公社化、地域別の公社化、全国水道協会設立など、さまざまな形態での経営管理方式が提案されているところである。

『カンボジアの奇跡』を目指して

2012年6月、PPWSAのカンボジア初の株式上場を見届けたところで、20年間のPPWSAでの勤務を終え、エク・ソンチャン総裁は勇退することとなった。その直後、彼はMIMEの副長官へと転身している。もちろん、地方水道事業の改善を含む、全国の水道事業の改善に貢献していくためである。

後任には、地方水道局の中でも、最も信頼するに足る人物と言われていたシハヌークビル水道局長だったシム・シターが着任した。すでに、新総裁体制が開始されているが、エク・ソンチャン前総裁を支えてきた6名の副総裁らが、がっしりと新総裁を支えている。

PPWSAの新総裁となったシム・シターは、これまでのPPWSAの『奇跡』実現の要因を次のように述べている。

「着任してから今まで4カ月間、私は、PPWSAがどうやってここまでやってこられたのか、どうして成功できたのか、前総裁がどのような経営をしてこられたのかを学んできました。PPWSAがこのような成功をおさめられた要因には、自分たちの努力もさることながら、国際協力があったからだと思っています。

相互理解の上にたったJICAを通じた技術協力、無償援助等が『成功の大きな鍵』になったと思います。また、新たな人材を育成するための協力を得られたことが、特に重要でした。

『成功』は、このような協力事業に加えて、PPWSAの幹部や職員の努力が合わさって実現されたものであるとも思います。特に、職員一人一人が自分たちの任務や義務を理解していたことが大きかったと思います。さらに、協力してくれた人々に対する恩を忘れないという姿勢も重要だったと思います。

プロジェクトの実施を通じて、何年間も相互に理解し合い、学びあった

ことで深い関係が築けたのだとも思います。特に、日本政府からの長い間の支援に加え、カンボジア政府、特に、鉱工業エネルギー省（MIME）、経済財務省（MEF）からの支持と理解を得られたことも大きかったと思います。

　日本からは技術的な面だけではなく、仕事に対する考え方や職業倫理・モラルについても学ぶことができましたし、経営についても学びました。特に、このような日本の経験の多くを北九州市の水道局を通じて学ばせてもらいました。

　さらに、日本からの支援においては、プロジェクトを立ち上げた人たちやそれに基づいて活動をしてこられた多くの人たちの姿勢や努力というものが強く影響してきたのだと思います」

　PPWSAの成功物語は、1993年当時のカンボジアが「平和・復興」期にあり、新政権樹立による刷新気風、大規模な援助投入が集中できたという特殊な時代背景が後押ししたところも大きかったかもしれない。しかしながら、自助努力を基本とするエク・ソンチャン総裁の「強力なリーダーシップ」が、政治の改革コミットメントの強化、PPWSAのチーム力の強化につながり、あらゆる「成功の鍵」となったと考えられる。

フン・セン首相と語らうエク・ソンチャン（当時鉱工業エネルギー省（MIME）副長官）〜PPWSAのニロート浄水場の竣工式にて
写真：野中博之

同時に、日本（JICA）を中心とする国際協力、とりわけ改革目標や方向性の明確な提示（マスタープラン）がなければ、日本以外の援助機関の支援も、ここまで調和的には実施され得なかったであろう。また、タイムリーで段階にそった支援、長期的な現場型・問題解決型の支援がなければ、エク・ソンチャンの「強力なリーダーシップ」に基づく自助努力も実らなかったに違いない。

　PPWSAの成功物語である『プノンペンの奇跡』は、まさに、カンボジアの自助努力と、施設整備支援や日本の技術者・専門家による現場密着型の人材育成支援がうまくかみ合って生みだされたものである。さらに、日本の「自助努力支援」という、援助の基本理念に基づく成功事例でもあり、カンボジアの人々にとっても長く記憶に留められる画期的な協力となっている。

　さて、PPWSAが成し遂げてきた『プノンペンの奇跡』を、これからカンボジアの全国各地方都市にも波及させ、『カンボジアの奇跡』として実現していくことができるだろうか。

　2013年7月に実施されたカンボジア総選挙の結果、同年12月に、政権内部の再編があり、MIMEが2省に分割され、「鉱業エネルギー省」と「工業・手工芸省」が誕生した。そして、MIMEのエク・ソンチャン副長官は、工業・手工芸省長官へと昇格した。

　これまで、MIMEの副長官としては、上水道分野の担当ではなかったエク・ソンチャンであったが、今後は、工業・手工芸省長官として、全国の上水道分野の指揮をとることとなった。

　工業・手工芸省長官に就任したエク・ソンチャンは、早速、2013年12月には、全国の公営地方水道局間で経験・知識を共有するためのワークショップを主催している。水道事業体ごとに、料金徴収システム・顧客管理の確立や、無収水率の削減などの目標を設定させ、進捗を発表させることで、地方水道間で「競争」させつつ、自発的な改善を促進しようと

の意図である。2013年12月の第1回に次いで、2014年1月、2月までに3回のワークショップを実施している。

また、2014年3月には、エク・ソンチャン長官みずからが、各都市の巡回視察を行っている。エク・ソンチャンン長官の采配による、さらなる地方水道事業の整備を含めた全国の水道事業の改善が期待されるところである。

PPWSAの「同志たち」と談笑するエク・ソンチャン（当時MIME副長官）
写真：野中博之

エク・ソンチャン総裁下で薫陶を受けてきたPPWSAの幹部スタッフは、全国の地方浄水場への協力を一様に自分たちの使命として考えている。ソビチア副総裁は、「北九州市やJICAとの協力を続けながら、自分たちの経験や知識を地方の水道局や近隣諸国へも広げることができないかと考えています。この点に関して、前総裁と現総裁では、戦略は違いますが、基本的な方向性は同じだと思っています」と語る。

いずれにしても、エク・ソンチャン総裁に限らず、PPWSAの幹部スタッフは、JICAと共に地方水道への支援の手を惜しむことはない。

PPWSAが、これまでのJICA技術協力プロジェクトを通じて培ってきたみずからの経験と能力を、地方都市水道局の「同僚」たちとの信頼関係の構築に生かし、また、それを各ドナーからの支援にうまく組み合わせていくことができれば、新たな『カンボジアの奇跡』を起こすことも不可能で

はないのかもしれない。

　現在も、地方上水道事業の整備・改善は、カンボジア政府（工業・手工芸省）を中心に、PPWSAと日本政府（JICA）との協力により着実に進行中である。いつの日か『カンボジアの奇跡』として語り継がれる日がくることを期待したい。

プノンペンに続くシェムリアップ
水道の安全な水
写真提供：今村健志朗/JICA

あとがき

　このプノンペン水道公社（PPWSA）のプロジェクトヒストリーは、ともにJICAで政府開発援助事業に従事し、それぞれに、カンボジアという国と社会、また開発援助活動の経験集約に関心を寄せる、鈴木康次郎と桑島京子の共同の努力でとりまとめたものである。

　鈴木がカンボジアを初めて訪問したのは、1994年3月のことである。1991年のパリ和平協定の締結により平和・復興が始まり、日本政府も戦後初めてとなる国連PKOをカンボジアへ派遣していた直後である。カンボジアでの総選挙が何とか無事に実施され、新政権が成立し、国連カンボジア暫定統治機構（UNTAC）の役割もひとまず終了したところであった。

　当時、JICAのまだ若手職員として、無償資金協力に関する事前調査のためにカンボジアを訪問していたのであるが、プノンペンの薄汚れた街並みと、それとは対照的なほどの突き抜ける青い空と人々の溢れんばかりの熱気を感じたことを今でも鮮明に記憶している。

　その後も出張で何度か訪問していたが、2009年8月からの3年半は、JICA事務所長としての長期赴任の機会を得て、本格的にカンボジアに滞在することとなった。

　さて、鈴木がエク・ソンチャン氏に初めてお会いしたのは、2009年の着任後間もない頃のことであった。前任者と一緒に関係機関への挨拶回りをしていた時のことであり、PPWSAの総裁のみならず、周りの職員らの礼儀正しさや客をもてなす手際の良さに深く感銘を受けたことを覚えている。

　その後、業務上何度かお会いする機会を得て、エク・ソンチャン氏の人となりに大変興味を引かれていくこととなった。また着任の翌年、PPWSAが、

「ストックホルム産業水大賞」を受賞したため、関係者でお祝いをしたり、日本からのVIP訪問の際には、必ず視察先の1つとしてお世話になったりと、公私にわたり交流を深めさせていただくこととなった。

PPWSAとの懇親会にてエク・ソンチャンと語らう～筆者：鈴木（左）

他方、エク・ソンチャン氏の人となりを知るほどに、個人的にも「PPWSAの成功物語」に強い関心を持つようになっていった。内戦からの平和・復興を模索していた最中であり、カンボジアはまだまだ劣悪な環境の中にあったにもかかわらず、これほどの素晴らしいパフォーマンスを示してきた組織があったこと自体が「奇跡」のようにも感じられたからである。しかも、世界の水道関係者の間では、PPWSAの成功物語が、『プノンペンの奇跡』として話題になっているとの話にも興味をそそられたからでもある。

もし、そのPPWSAの成功要因を探ることができれば、開発途上国で同様な課題を抱える多くの水道事業体にとっても、大きなインパクトをもたらせるに違いないとも考えたのである。

当時のJICA研究所の細野所長から、カンボジアのプロジェクトヒストリーについて何か書いて欲しいとの依頼を受けたのは、カンボジアでの任期最終年であった。鈴木は、上述したように、以前より強い関心を持っていた「PPWSAの成功物語」を何とか紐どきながら、成功要因を明らかにしたいと考えていたため、2つ返事で引き受けることとした。

　しかしながら、執筆するとなると当然ながら膨大な作業が待っていた。それでも、幸いだったのは、カンボジアでの任期中に、何とかカンボジア側関係者へのインタビューを一とおり終えることができたことである。これは、それまで10年以上にもわたりPPWSAの職員らの研修において、クメール語・日本語通訳をされて来られた山崎幸恵氏（ニョニュム社長）の存在なしにはなし得なかったであろう。PPWSAの関係者との気心の知れた山崎氏を通じて、ほとんど語学の障壁を感ぜずに関係者へのインタビューを非常にスムーズに行うことができたのである。

　それでも、それぞれの関係者によるポル・ポト時代の話をお聞きする際には、本人もこちら側も涙なしには聞き取ることができなかった。今回は、紙面の都合もあり、語っていただいたさまざまなドラマをほとんど割愛せざるを得なかったのは大変偲び難かったところである。

＊

　桑島とカンボジアとのかかわりは、2002年に国総研調査研究課長（当時）として実施を担当した「カンボジア国別援助研究」に始まる。カンボジアの政治・歴史・社会に造詣の深い今川幸雄大使を座長に、上智大学の石

澤良昭先生や各分野の研究者に加わっていただいて、JICAの援助実務者とともに、カンボジアの復興とこれからの開発の課題と展望を分析し、援助のあり方を議論させていただいた。カンボジアは、1991年の和平協定の締結に向けて日本が大きな役割を果たした国であり、初めて明示的に内戦終結後の復興支援に取り組んだ国でもある。

日本の復興援助の特長の1つは、道路などのインフラや水道サービスなどの復興とあわせた社会経済生活の復興と、政府機関の人材育成にある。国家と社会の関係のあり方や国づくりの難しさは、2006年から担当することになったガバナンス分野の法整備支援や人材育成事業を通じて具体的に経験することにもなった。

PPWSAの事例は、上記の援助研究の頃からインフラサービスの復旧支援の事例の1つとして注目していたが、その後、調査研究グループ長時代に担当した2つの調査研究、水道人材育成分野のインドネシア、タイ、カンボジアなどの事例比較分析（キャパシティ・ディベロップメント事例研究）、ガバナンスが弱く社会の安定しない脆弱な国における開発と援助のあり方の検討（脆弱国家の中長期的な国づくり研究）の中で、当時国際協力専門員であった山本敬子氏の監修あるいは執筆による詳細な分析に接することとなった。なかでも、2008年に出版された脆弱国家研究の報告書に収められたカンボジアの水道分野の分析論文は、今回のプロジェクトヒストリーをとりまとめるうえで、大きな拠り所となったことを特記したい。

PPWSAの自立と発展が進むにつれ、JICA本部のガバナンスグループ長時代には、公共事業体による公共サービス改革の事例としても関心を強めていた。2009年より1年間、シンガポール国立大学のリークアンユー公共政

策大学院に出向した際には、同大学院と連携関係にあった東京大学の先生方とともに、PPWSAを訪問し、エク・ソンチャン総裁やその他の関係者から話を聞く機会を得ることができた。

　帰国後は事例としてとりまとめる機運を失していたが、鈴木よりプロジェクトヒストリー作成の構想を聞いて、すぐさま共同執筆を申し出たしだいである。鈴木が2013年1月にカンボジアから帰国し、JICA中部国際センター所長として着任したあとに、共同作業を始めることとなった。

元プノンペン市長のチア・ソパラー大臣から話を聞く〜筆者：桑島（左）

*

　共同作業は、あらすじを二人でつくったのち、鈴木の行ったインタビュー結果を中心に、桑島のインタビュー結果、および日本において、鈴木・桑島共同で行った補足のインタビュー結果をもとに、最初の素材を鈴木がつくり、それを桑島が編集したものをたたき台に、議論を尽くすという方法をとった。

執筆上のあらゆる疑問点に関し、双方の見解を述べ合い、1つずつ納得しつつ前に進めるプロセスが、結局ほぼ2年間も継続することとなった。非常に刺激的な日々ではあったが、中部センター所長としての通常業務に忙殺される鈴木にとっては、ほとんどの作業は、業務終了後か、週末などを利用して進めざるを得なかった。事実関係の確認と関連資料の収集や分析作業、図表作成などは桑島が担当して作業を続けてきた。

　このようにして何とかとりまとめた第一稿は、膨大な文章量となり、残念ながら編集段階で6割近くまで圧縮することになった。そのため、20年にもわたるPPWSAのストーリーのうち、改革の初期から水道事業人材育成技術協力プロジェクトのフェーズ1（「改革の総仕上げ」）までに焦点を絞らざるを得なくなり、それ以降の地方水道支援を巡る展開のほとんどを端折ることになった。

　また、ポル・ポト政権下の時代を乗り越えてきたPPWSAの幹部職員たちそれぞれの壮絶な生き様や、郊外地区を含む貧困地域へのアクセス改善についても、そのほとんどを割愛せざるを得なかった。結果的に、せっかくインタビューや調査をさせていただいたにもかかわらず、多くの方々のお話を十分には反映できない構成となってしまい、大変残念であり、申し訳なく感じている。

　最後に、本書の執筆に際し、大変お世話になった多くの皆様方にこの場を借りて、お礼を申し上げたい。

　特に、長時間ならびに数次にわたるインタビューに応じていただいたエク・ソンチャン元PPWSA総裁（現在、工業・手工芸省長官）をはじめとする多数のPPWSA関係者の方々、チア・ソパラー現農村開発大臣、メン・サクティエラ前MIME次官（現在、鉱業エネルギー省長官）、タン・ソクチア前MIME水道部長（現工業・手工芸省工業総局副局長）には、心より感

謝申し上げたい。

　また、PPWSAに継続的な支援を続けて来られた北九州市上下水道局の関係者の方々、特にインタビューに快く応じていただいた森一政氏、久保田和也氏、木山聡氏、高山一生氏、菊地克俊氏、石井秀雄氏に対しても、心より感謝申し上げたい。

　同様に数次にわたるインタビューとともに、重要なコメントをお寄せくださった眞柄泰基氏、そしてインタビューとともに、当時の貴重な資料をご提供くださった芳賀秀壽氏、岩橋一好氏、岩崎克利氏、中込修氏、1950年代の貴重なビデオ資料をご提供くださった佐藤一仁氏の各位に対しても、深く感謝申し上げたい。

　在カンボジア特命全権大使を務められた、今川幸雄氏、小川郷太郎氏、篠原勝弘氏の各氏からは、当時のカンボジア側の政治状況や日本との関係について、大変懇切なご講授をいただいた。工藤幸生氏、笹山弘氏、亀海泰子氏には、丁寧に原稿に目を通していただいた。厚く御礼を申し上げたい。

　JICA関係者である山本敬子氏からは、インタビューのみならず、当時の関係者や重要資料の紹介、水道用語の指南など、いただいたご支援は数えきれない。また、鎗内美奈氏、現在も技術協力プロジェクトのフェーズ3で業務調整員をされている野中博之氏には、貴重な現地情報やコメントの提供を始め、多くの支援をいただいた。その他、カンボジア事務所、本部の多くのJICA関係者からの心強い支援に改めてお礼申し上げたい。

2015年3月
鈴木康次郎（JICA中部センター所長）
桑島京子（JICA客員専門員）

略語一覧

ADB	Asian Development Bank（アジア開発銀行）
ASEAN	Association of Southeast Asian Nations（東南アジア諸国連合）
JICA	Japan International Cooperation Agency（国際協力機構）
JICWELS	Japan International Corporation of Welfare Services（国際厚生事業団）
MEF	Ministry of Economy and Finance（カンボジア経済財務省）
MIME	Ministry of Industry, Mines and Energy（カンボジア鉱工業エネルギー省）
ODA	Official Development Assistance（政府開発援助）
OJT	On the Job Training（職場内訓練）
PPWSA	Phnom Penh Water Supply Authority（プノンペン水道公社）
SNC	Supreme National Council of Cambodia（カンボジア最高国民評議会）
UNDP	United Nations Development Programme（国連開発計画）
UNTAC	United Nations Transitional Authority in Cambodia（国連カンボジア暫定統治機構）
WB	World Bank（世界銀行）
WHO	World Health Organization（世界保健機関）

参考文献・資料

【一般書籍・文献・資料】

今川幸雄[2000],『カンボジアと日本』, 連合出版.

上田広美・岡田知子編著[2012],『カンボジアを知るための62章』, 第2版, 明石書店.

亀海泰子[2005],「プノンペン水道公社技術協力報告」『コンサルタンツ北海道』, 第105号(1月31日発行).

芳賀秀壽[1993],「プノンペン水道リポート」『水道産業新聞』,(1月1日発行).

――――[2000],「途上国水道の仲間たち 第一回ODAとカンボジアの復興」海外協力『Water & Life』, 第411号(6月号).

――――[2000],「途上国水道の仲間たち 第二回カンボジアの水道」海外協力『Water & Life』, 第412号(7月号).

――――[2004],「海外開発プロジェクトと技術協力」, パワーポイント資料(8月発表).

――――[2004],「プノンペン市上水道整備計画の経験及び教訓」, ECFAセミナー講演会資料(12月14日発表).

山本敬子[2008],「資料5 添付資料1 カンボジアの水道整備プロジェクト」『脆弱国家における中長期的な国づくり』, 分野別援助研究報告書, 国際協力機構国際協力総合研修所.

――――[2008],「上水道開発 第二の人生」『国際協力専門員 技術と人々を結ぶファシリテーターたちの軌跡』, 新評論社.

国際協力事業団[2003],『カンボディア国別援助研究会報告書~復興から開発へ』, 国際協力総合研修所.

国際協力機構[2008],『キャパシティ・ディベロップメントに関する事例分析 水道人材育成分野』, 国際協力総合研修所.

ADB[2008], 'Completion Report: Cambodia: Provincial Towns Improvement Project', October 2008.

Biswas, Asit K. and Tortajada, Cecilia[2010], 'Water Supply of Phnom Penh: An Example of Good Governance', *Water Resources Development*, Vol.26, No.2, 157-172.

Das, Binayak, Ek Sonn Chan, Chea Visoth, Ganesh Pangare, and Robin Simpson eds.[2010], 'Sharing the Reform Process – Learning from the Phnom Penh Water Supply Authority (PPWSA)', Mekong Water Dialogue Publication No.4, IUCN, Gland, Switzerland.

Ek Sonn Chan[2012], 'Phnom Penh Water Supply - We Make a Difference', Presentation Material, August 2012.

Hinton, Alexander[2006], 'Khmerness and the Thai 'Other': Violence, Discourse and Symbolism in the 2003 Anti-Thai Riots in Cambodia',

Journal of Southeast Asian Studies, 37(3), pp 445-468.

World Bank[2004], 'Implementation Completion Report (IDA-30410) on a Credit in the Amount of US$ 30.9 Million Equivalent to the Kingdom of Cambodia for an Urban Water Supply Project', Urban Development Sector Unit, East Asia and Pacific Region.

【PPWSA報告書】

PPWSA[1996], 'History and Five Years Development Plan (1997-2001) of Phnom Penh Water Supply Authority'(in Khmer and in English), December 1996.

―――[1999], 'Report on Improvements in the State of Phnom Penh Water Supply Authority (PPWSA) from 1993 to 1999', November 1999.

―――[2000], 'Business Plan 2000-2002', April 2000.

―――[2004], 'Business Plan for Year 2005-2009', December 2004.

―――[2010], 'Clean Water for All', (PPWSAウエブよりダウンロード 2014年10月).

―――[2013], 'Clean Water for All and Customer Information', Annual Report 2012.

【JICA調査報告書】

マスタープラン調査、無償資金協力基本設計調査関連

東京設計事務所・日水コン[1993],「カンボディア王国プノンペン市上水道整備計画調査最終報告書(和文要約)」,国際協力事業団・カンボディア王国プノンペン市水道公社.

―――[1993],「カンボディア王国プノンペン市上水道整備計画調査最終報告書(緊急改修計画部分)」,国際協力事業団・カンボディア王国プノンペン市水道公社.

エヌジェーエス・コンサルタンツ・建設技研インターナショナル[2006],「カンボジア国プノンペン市上水道整備計画調査(フェーズ2)和文要約」,国際協力機構.

国際協力事業団[1992],「カンボディア国プノンペン市上水道整備計画調査 事前調査報告書」.

―――・株式会社東京設計事務所[1996],「カンボディア国第2次プノンペン市上水道整備計画基本設計調査報告書」.

―――・―――・株式会社日水コン[2001],「カンボディア王国プンプレック浄水場拡張計画基本設計調査報告書」.

国際協力機構[2004],「カンボジア国プノンペン市上水道整備計画調査(フェーズ2)事前調査報告書」.

Tokyo Engineering Consultants Co., Ltd. in association with Nihon Suido Consultants Co., Ltd. [1993], 'The Study on Phnom Penh Water Supply System in the Kingdom of Cambodia Final Report', Volume I-IV, Japan

International Cooperation Agency and Phnom Penh Water Supply Authority.
NJS Consultants Co., Ltd. and CTI Engineering International Co., Ltd. [2006], 'The Study on the Master Plan of Greater Phnom Penh Water Supply (Phase 2) in the Kingdom of Cambodia Final Report', Japan International Cooperation Agency, Ministry of Industry, Mines and Energy and Phnom Penh Water Supply Authority.

技術協力
国際協力機構[2003],「カンボジア国水道事業人材育成プロジェクト実施協議報告書」, 社会開発協力部.
――――[2006],「カンボジア国水道事業人材育成プロジェクト終了時評価報告書」, カンボジア事務所.
――――[2006],「カンボジア国水道事業人材育成プロジェクト完了報告書」, 水道事業人材育成プロジェクト.
――――[2004],「カンボジア国水道事業人材育成プロジェクト活動報告書」, PhaseⅠ(2003年10月-2004年3月), 水道事業人材育成プロジェクト.
――――[2005],「カンボジア国水道事業人材育成プロジェクト活動報告書」, PhaseⅡ(2004年4月-2005年3月), 水道事業人材育成プロジェクト.
――――[2006],「カンボジア国水道事業人材育成プロジェクト活動報告書」, PhaseⅢ(2005年4月-2006年3月), 水道事業人材育成プロジェクト.
――――[2006],「カンボジア国水道事業人材育成プロジェクト活動報告書」, PhaseⅣ(2006年4月-2006年10月), 水道事業人材育成プロジェクト.
――――[2007],「カンボジア国水道事業人材育成プロジェクト(フェーズ2)事前評価調査・実施協議報告書」, カンボジア事務所.
――――[2009],「カンボジア国水道事業人材育成プロジェクト(フェーズ2)中間レビュー報告書」, カンボジア事務所.
――――[2010],「カンボジア国水道事業人材育成プロジェクト(フェーズ2)終了時評価報告書」, カンボジア事務所.
――――[2012],「カンボジア国水道事業人材育成プロジェクト・フェーズ3　詳細計画策定調査報告書」, カンボジア事務所.
(その他、各短期専門家から提出された「業務完了報告書」を参照)

※本書に関連する写真・資料の一部は、独立行政法人国際協力機構(JICA)のホームページ「JICAプロジェクト・ヒストリー・ミュージアム」で閲覧できます。
URLはこちら:
https://libportal.jica.go.jp/fmi/xsl/library/public/ProjectHistory/CambodiaPhnomPenhWaterSupply/index-p.html

[著者]

鈴木　康次郎(すずき　やすじろう)

JICA中部国際センター所長。1958年生まれ。青年海外協力隊員(理数科教師)としてリベリアに赴任後、1984年旧国際協力事業団(現JICA)入団。1982年に室蘭工業大学でエネルギー工学修士号、1991年に米国ピッツバーグ大学で国際開発行政学修士号取得。主に鉱工業分野の援助実務に従事し、スリランカ事務所次長、国際協力総合研修所人材養成グループ長、国際協力人材部次長、カンボジア事務所長等を経て、2013年より現職。

桑島　京子(くわじま　きょうこ)

JICA客員専門員。1980年旧国際協力事業団(現JICA)入団。1992年に米国ハーバード大学で学術修士号取得(東アジア地域研究)。アジア、アフリカの社会開発、地域経済開発、ガバナンス等分野の援助実務および調査研究に従事。中国事務所、国際協力総合研修所調査研究グループ長、社会開発部ガバナンスグループ長、シンガポール国立大学リークワンユー公共政策大学院シニアフェロー、産業開発・公共政策部長等を経て、2012年より現職。

プノンペンの奇跡

世界を驚かせたカンボジアの水道改革

2015年3月31日　第1刷発行

著　者：鈴木康次郎・桑島京子
発行所：佐伯印刷株式会社　出版事業部
　　　　〒151-0051 東京都渋谷区千駄ヶ谷5-29-7
　　　　TEL 03-5368-4301
　　　　FAX 03-5368-4380
編集・印刷・製本：佐伯印刷株式会社

ISBN978-4-905428-53-4　Printed in Japan
落丁・乱丁はお取り替えいたします